自然感悟
Nature series

逛动物园
是件正经事

花蚀 著

商务印书馆
创于1897　The Commercial Press

图书在版编目(CIP)数据

逛动物园是件正经事/花蚀著.—北京:商务印书馆,
2020(2023.10 重印)
（自然感悟丛书）
ISBN 978-7-100-17684-2

Ⅰ.①逛… Ⅱ.①花… Ⅲ.①动物园—中国—普
及读物 Ⅳ.①Q95.339

中国版本图书馆 CIP 数据核字(2019)第 155669 号

逛动物园是件正经事

花蚀 著

———————————————————

商 务 印 书 馆 出 版
(北京王府井大街 36 号 邮政编码 100710)
商 务 印 书 馆 发 行
北京雅昌艺术印刷有限公司印刷
ISBN 978-7-100-17684-2

———————————————————

2020 年 1 月第 1 版 开本 700×1000 1/16
2023 年 10 月北京第 14 次印刷 印张 28¼
定价:98.00 元

RECOMMENDATION

推荐序

　　和花蚀在网上交流很久了，但直到去年 8 月才第一次见面，因为有大事将要发生。他说要做一件事，一件几乎让所有人都会羡慕的事：遍访动物园，一路玩一路发游记，并最终整理成一本书。我说："太棒了！这件事还没有人做过。"于是直接跳过了可行性分析，在我的小本子上写下了大致的顺序和目的地，然后他拍了一张照片就出发了。把他送走，我回到办公室，又看了看小本子，我觉得这一页特别重要，于是盖了一枚私章。

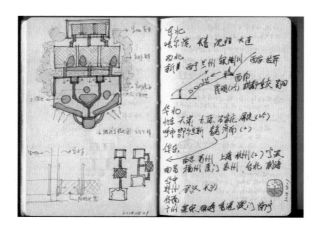

　　这样的一本书，我已经等很久了。

　　从拿到清样到读完，大约用了 8 个小时，而花蚀给我预留的时间是两周。读完最后一页，我突然想起在孩子上小学时，我们去新加坡动物园玩儿，他在那座动物园玩了不久之后，回头对我说：我再也不去你们动物园了。看着他一脸认真的嫌弃，我当时的心情和刚看完这本书时的感受很相似：各种失落、沮丧和不甘。不仅是我有这种感受，我相信几乎所有的国内动物园从业者在看到花蚀"直播"的游记微博后面的评论时，心情都应该和我差不多。可是当我注意到 #花老师带你逛动物园# 的话题阅读量已经超过 1.8 亿时，又看到了动物园行业的希望——居然有那么多的人在关注动物园，有那么多的人认为"逛动物园是件正经事"。

没错，逛动物园本来就是正经事，只可惜，不正经的动物园太多了，有些动物园甚至觉得自己本来就应该是个娱乐场所，这和绝大多数动物园的起源有关。20 世纪 50 年代到 70 年代，在国内，几乎所有的省会城市和部分大城市都修建了人民公园、劳动公园等大众休闲娱乐场所，为了进一步满足人们的精神文化需求，然后在这些公园或原有的公园内，划出一小块地用来饲养、展示野生动物，这些"动物角"也称为"园中园"。在这些动物园中，野生动物只是用来满足人们的娱乐需求的。后来的几十年，地产经济将绝大多数园中园从市区逼到了郊区，过去的动物角纷纷变成独立的动物园。遗憾的是，这些新兴的动物园并没有改头换面，只是变得更大了，被圈养的动物更多了。

现在，这些动物园不得不做出改变了。自媒体时代，每个人都能公开表达自己的观点和看法，当公众的知识和意识超前于动物园的发展现状时，动物园承受的舆论压力会越来越大。面对越来越多的指责，大多数动物园还在用体制问题、历史问题、经营模式问题等理由为自己开脱，但这些理由在悲惨的动物福利面前，都不堪一击。尽管任何一个行业的发展，都无法摆脱整个社会经济发展的影响，但漠视动物福利的动物园，存在的问题不是经济问题，而是思想认识的不足，是动物园自身的问题。

动物园存在的意义是什么？我是这样理解的：动物园收集、展示野生动物，通过行为管理保障动物福利，使游客感受到野生动物是神奇、可爱的；通过保护教育，使游客感受到这些可爱的动物与其野外生活环境的关联，并意识到它们的生活环境其实和人类的生活环境是同一环境，而人类的决策和行为会影响环境，并直接或间接地影响到这些可爱的野生动物。好的动物园会让游客在参观后获得的不仅是愉悦和知识，还有责任感和使命感，并最终将所有的收获和感悟体现于日常行为的改善；这种行为的改变会减小对环境的压力，从而让人类和这些可爱的野生动物都能更长久地存活在地球上。所以，为了自己，为了自己的孩子，每个人都有责任把动物园变得更好。

"动物园的核心目标是物种保护，但其核心行动是实现积极动物福利"，动物福利是动物园一切运营活动的基础，明白了这个道理，就不会再用各种理由搪塞公众的关注了；明白了这个道理，就会踏踏实实地去改善园里的动物福利了。

这样的一座动物园，我已经等很久了。

2019 年 6 月

CONTENTS

目 录

04
中国动物园巡礼
127

01

PREFACE

序言

PREFACE

序言

2018 年底，我做了一件事情：我花了 4 个月的时间，跑了全中国 41 个城市，逛了 56 个动物园，同时在网上进行了直播。做这件事，最重要的原因是我喜欢动物，喜欢动物园。同时，我想看看今天的中国动物园行业的水平如何，并教大家我逛动物园的方法。

为什么要逛动物园？有人问过我这个问题。其实，现在网络这么发达，纪录片也非常多，我们能够毫不费力地知道一种动物长什么样。但是，这样的"浏览"，只是借助别人的耳目去观察。我们去动物园，能用眼睛看，能用耳朵听，甚至可以用鼻子闻，去感受每一种动物的独特之处。

熊狸

举个例子，有种动物叫熊狸。它有个神奇的特性：会散发出
甜甜的香味。很多哺乳动物，都会用气味标记领地，传递信息。
在野外，我们经常能观察到各种野生动物都会在路口或是突
出地面的大石头上尿尿、屙屎，来传递信息，这些地方，仿
佛就是动物版的"脸书"（Facebook）——只不过它们的
是"屎书"（Shitbook）。熊狸尿液的味道很神奇，是甜香的，
有人形容是奶油爆米花的味道。这个信息我很早就知道，但
直到在动物园里真的闻过一次，才感受到那种甜兮兮、带一
点臭的类似于热带水果气味。那可真是神奇。

想要逛动物园逛得爽，就得看得出来一座动物园哪里好或者哪里不好。我逛动物园，最看重的一点是：能不能看到动物的**自然行为**。

什么是自然行为呢？我举个例子。

2013 年的时候，我去云南普洱市的无量山做了个采访。无量山是什么地方呢？在金庸先生的《天龙八部》中，段誉误入琅嬛福地，遇到了神仙姐姐的雕像，还学会了凌波微步和北冥神功。那个琅嬛福地就在无量山。在现实里，无量山中也有一种"武功高手"，那就是浪迹于树冠之上的长臂猿，具体点说，是西黑冠长臂猿。

在山中，早 8 点，我刚端起

饭碗开始吃早餐。突然听到远方传来了一阵悠扬、清远，又不失婉转的声音。当时我就呆住了。旁边保护区的朋友一看我的神态，笑着告诉我这是长臂猿在唱歌。于是，我走出基地，看到远方的青山上弥漫着晨曦的薄雾，听到树林中长臂猿的歌声此起彼伏。在自然界当中，长臂猿社会的基本单位是家庭。每天早上，各个家庭都会用歌声向邻居传达信息，告诉别的猿自己家在这儿，你们别来侵犯。有意思的是，长臂猿是哺乳动物中除了人类之外唯一会唱和声的动物，它们会雌雄搭配合唱。

这就是长臂猿在"斗歌"，一种自然行为。如果大家身边的动物园里养着长臂猿，不妨一大早去碰碰运气，看能否遇到这样的自然行为。

为什么我会这样看重自然行为呢？因为我们来动物园不只是想看一种动物长什么样，只看长相，看一种动物是什么样，那不如去上网查、去看纪录片。逛动物园真正的优势，就是去观察动物在干什么，怎么干，为什么要这么干。

原始森林中的野生西黑冠长臂猿

另外，自然行为是一个指标，只有把动物养好了，让它们
觉得是生存在自己该生存的地方，它们才会愿意展现出自
然行为，这个指标能告诉我们这个动物园到底好不好。

我们如何才能知道动物园里的动物展现的是不是自然行为呢？这需要一点动物学知识，但细致的观察可以弥补知识上的欠缺。比方说，绝大多数时候，鹈鹕是在水面上或者是陆地上待着的。但如果你突然发现，有鹈鹕待在树上，就要好好看看，它们的屁股下面是不是有树枝做成的窝，多观察一段时间，你可能就会在窝里看到一些小鸟叽叽喳喳起来。原来，它们上树做窝是为了生儿育女。

另外，有两种情况，一般都不是自然行为。

第一种是野生动物和人类互动，比方说熊作揖向人类乞求食物，或是黑猩猩向人扔东西。为什么呢？庄子说，相濡以沫不如相忘于江湖。在自然中，绝大多数情况下，野生动物是不会碰到人类的，所以也不会和人有什么互动。

第二种是单调、重复的行为。我们有时候会在动物园里看

枝头的鹈鹕巢

到豹子来回踱步，大象频繁甩头，有的朋友还会觉得这是动物特别活泼的表现。其实，这在动物学上被称为"刻板行为"，通俗来讲就是这些动物被养得太差了，太无聊没事可做，给憋坏了。刻板行为不只动物会有，小孩儿有时候养太差也会出现。只要动物园里的动物出现刻板行为，那么它的饲养环境就肯定会有一些缺陷。

动物园里的动物，如果养得不好、展示得不好，就会出现乞食的现象，就会出现刻板行为。如果养得有可取之处，便能展示出自然行为。能看到动物在动物园中自由自在生活，展示出自然行为，大家才能感到开心。

个人认为，动物园是一个有原罪的地方。它毕竟剥夺了动物的自由。但动物园在现代的社会里，又是一个必不可少的地方。现代动物园有三大目标：第一，保护珍稀动物，留下它们的血脉，通过人工繁殖增加它们的数量；第二，增进我们对动物的认识，尤其是行为学上的认识；第三，为公众提供自然教育。一个动物园，如果做不到这三点，是不配称为现代动物园，也无法面对自身原罪的。

全世界有不少濒临灭绝的动物，是动物园给救过来的。举个例子，有一种龟，叫缅甸棱背龟。这种龟的背部正中，有一条突起的刺棱，这条棱在幼龟身上更明显。这是一种被人类从灭绝线上扯回来的动物，2000年的时候，人们一度认为它可能灭绝了。直到2002年，科学家突然在缅甸野外发现了一个很小的种群，包括曼德勒动物园在内的两个缅甸组织迅速对这个小种群展开了抢救。16 年来，在国际动物保护组织的帮助下，这种龟已经繁殖出近千只个体，其中的数百只被送回了当年发现它们的地方。如今，那里有一个远比当年坚强的种群。在它们的背后，还有来自缅甸、新加坡的 3 个人工种群作为坚强的后盾。

自人类出现以来，尤其是最近几百年来，有好多物种灭绝了，这些物种的灭绝，相当一部分原因得归咎于人类。动物园执行濒危物种复育的任务，就是在为全体人类赎罪。

国际上有抱负有担当的动物园，共同成立了世界动物园和水族馆协会（World Association of Zoos and Aquariums，WAZA），这个协会致力于促进动物园行业的发展，也制定了行业的标准，是全世界动物园行业的最高权威。但可惜的是，中国仅有来自香港、台湾的四家机构加入了这个协会。

在世界动物园行业内，有一篇文章被称为"行业圣经"，名为《如何展示一只牛蛙》。这篇文章在网上能下载到由北京动物园的巴罗老师翻译的中文全文，它讲的是如何以一只牛蛙为中心，建立起一座动物园，把自然展示给游客。这篇短文，也是动物园爱好者必读的文章，推荐大家去看一看。

限于篇幅，本书中对各家动物园的介绍都较为简略。这些介

绍也更偏向于讲讲各园的亮点。但我相信，大家可以通过我的文字和图片，明白

好心的饲养员怕我们这些外国人看不到，
特地从水池里拿出了一只缅甸棱背龟

一座动物园好的地方好在哪——通晓了这个，何其为差，也就一目了然了。

另外，从本书的第 7 次印刷开始，我在书中更新了一些信息，希望能让大家感受到近些年来中国动物园行业的进步和努力。

02

WHAT IS A GOOD ZOO LIKE

好的动物园
是什么样的

我遇到过很多朋友，都说自己特别厌恶动物园，厌恶动物们被关在光秃秃的笼子里无所事事，厌恶动物们看起来病恹恹的样子，厌恶动物园里扭曲的马戏表演。

每当遇到这样的朋友，我都会和他们有深深的共鸣——尽管我很喜欢动物园。国内仍有不少很落后的动物园。当我们满目都是一些比较糟糕的状况的时候，难免会有厌恶之情。尤其是当这样的厌恶情绪常常来自幼年时的记忆，即使很多动物园现在有了一些改变，也不足以扭转这样的感情。

但如果你去国外最先进的那些动物园逛一逛，就会发现大不一样。也有很多朋友跟我说，当他们去过国外的好动物园之后才发现，动物园真的可以不是动物的囚牢。

如果你想成为一个动物园爱好者，或者想让你的孩子爱上大自然，或者单纯想了解一下中外动物园的差距，那就必须出国看一看。

在这里，我会向大家介绍国外的五个动物园，其中只有两个在发达国家。通过这些介绍，你会了解到一座好的动物园会有什么样的特质。

SINGAPORE

新加坡动物园群

新加坡动物园群是当之无愧的亚洲第一动物园，也是离中国最近的世界超一流动物园。它们由新加坡野生动物保育集团运营，由 4 个分园组成，是去新加坡旅游必去的景点之一。

如果你曾厌恶动物园，新加坡动物园群可以作为你重启动物园之旅的第一站。无论是理念还是设施，这 4 座动物园的水准都是超一流的，能够刷新你对动物园的旧印象。它们会让你发现动物园也能给动物尊严，让你感受到自然之美，让你更加理解自然，情不自禁地想为自然做一些什么事。

脆弱森林里的狐蝠

如果你要问我新加坡动物园里最棒的场馆是哪一个，我肯定回答：**脆弱森林**展区。

这个馆的格局是什么样的呢？大家可以想象一下国内曾经十分流行的鸟语林。各地的鸟语林，基本都是拉起一个大网子，把各种鸟都放进去，让人进去看。但这些鸟语林实际上是有很多问题的。比方说，热带鸟、温带鸟、寒带鸟都放在同样的环境里，这么养别提营造合适的环境了，动物能赖活着都不错。如此混养缺点很多，但也有一些好处：

合笼能带来更大的可利用空间；参观者进入笼子找鸟，会营造出沉浸式的体验。

而在国外的一些很棒的动物园里，有一些看起来和鸟语林比较类似但内核很不一样的展馆。这些展馆也会支起大网，把多种动物放进去养，然后把人放进去找动物看。这些场馆和国内常见的鸟语林最大的不同就在于——馆里的环境和放进去的物种，都是在同一主题总领之下，受到严格控制的。这样的主题可以是相似的环境，也可以是某一特殊地区的特色。

具体到新加坡动物园的脆弱森林展区，这个馆在大笼子里重现了热带雨林的环境，无论是植被还是湿

绿蓑鸽

度，各方面都和外面不一样。园方在里面放养了许多东南亚热带雨林环境中的鸟类、兽类，辅以少量非洲、南美的热带物种。在落叶层里，还故意放养了发声蟑螂、独角仙，以及各式各样色彩缤纷的青蛙和蟾蜍。

在一个可控的场馆里还原热带雨林的环境，种满雨林的植物，就能让里面几乎所有的热带动物生活得特别自然，这是一般鸟语林做不到的。用环境匹配合适的动物，也能让这些动物展示出正常的自然行为，和环境有良性的互动，

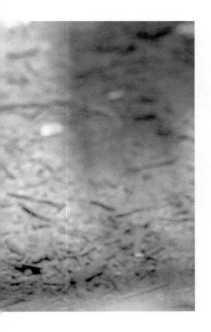

展现出来的信息也更加丰富。人依旧能在大笼舍里走来走去，在天空、树冠、树干、林下各个区域寻找生活方式完全不一样的各种动物，仿佛能感受到在真正的热带雨林里找动物的感觉。

整个馆里，我最喜欢的动物是绿蓑鸽。绿蓑鸽是现生动物中和渡渡鸟关系最近的物种。它们的脖子上披着蓑衣一般的长羽毛，羽毛的基色是绿色，其上覆盖着华丽的结构色。当一只绿蓑鸽从树荫下迈步而出，走到树冠漏下的一缕阳光中时，它们的羽毛会变换出金、赤、蓝、绿等多种颜色，熠熠生辉，让旁边的凤冠鸠、雌性大眼斑雉这样本来很好看的鸟类黯然失色。

在树荫之中，有不少半埋的水泥管。如果你蹲下身来，会看到里面有一只小鹿扑闪着大眼睛盯着你。有时候，它们会走出管子找吃的，你会看到它们的腿跟牙签一样，非常搞笑。这是鼷（xī）鹿。在馆里，我遇到了一只被突然跳下树的鸭

鼷鹿的"报复"

子吓坏了的鼷鹿，这个小家伙镇定下来后迅速地跑到鸭子的食盆中尿了一泡，不知是不是故意在报复。

馆里的动物当然不止这些，还有会和人靠得很近的猴子、特别污的狐蝠、多种小型鸠鸽、树冠上跑来跑去的巨松鼠。在这里看到动物很容易，但想看全就必须好好找。

这样的"找"，就是沉浸式体验的关键。我们逛动物园的时候，常常只是走马观花式地浏览。这样急迫的节奏，是不可能观察好动物的。反而是在这样需要找的环境中，大家的脚步慢了下来，好奇心在找的过程中得到了释放，会更加容易注意到各种动物的奇妙之处。

红毛猩猩

新加坡动物园的灵长类展示也特别精彩。这其中最棒的一个场馆，莫过于红毛猩猩自由活动区。

我们在国内动物园里看到的猿类，常常就关在不太大的笼子里，经常还是孤零零的一只。这样的画面就很惨。国内好一些的猿类展示，会提供给动物较大的室外活动场地，并设置比较高的树或是爬架让它们能自在地运动，并会照顾到猿类群居的特性。

而新加坡动物园的红毛猩猩自由活动区则更为优秀。它的地面部分，是一个至少有上千平方米的活动场，绿化不错，有设计精良的爬架，但这部分并没有什么让人吃惊的——厉害的在天上。

新加坡地处热带，树长得快，也能长很高。红毛猩猩自由活动区里，有不少高度在十米以上的大树。新加坡动物园不但允许猩猩们往上爬，还用木头把这些大树的树冠层连接了起来。这样一来，这些猩猩就拥有了一个方圆上千平方米、上下十多米高、可自由穿梭的立体活动场。所谓"自由活动区"就是如此。在现场，我就看到几只未成年的小红毛猩猩在树冠层穿梭。这是在国内完全没有见过的。

更厉害的是，在树冠和地面之间有一条步道，人可以走上步道，观察下方和上方的猩猩。树冠上垂下了若干钢缆，在比步道稍高一两米的地方悬挂着几个平台，这里是饲养员给猩猩投喂的地方。游客可以用接近平视的角度，观察猩猩进食时的动作，以及猩猩家庭成员间的互动。

红毛猩猩

除了红毛猩猩自由活动区，新加坡动物园的长鼻猴展示也很精彩。长鼻猴笼舍胜在造景，笼舍里有流水，水里有鱼，岸上有树，还原了河流红树林的环境，里面还混养着犀鸟，这也是个加分项。

亚洲，是灵长类演化的热点区域。新加坡动物园展示的这些亚洲灵长类，加深了这座动物园的亚洲属性，让它更有地域特色。

长鼻猴

在这座动物园中，还发生过一件让我特别感慨的事。优秀如新加坡动物园，也有养得不太好的动物。比方说，北极熊。

北极熊

新加坡位于热带，气候炎热；北极熊来自北极，喜冷畏热。这就是个无法调和的矛盾。坦率来讲，这头名叫伊努卡的老北极熊养得并不好，动物园给他提供了大水池，放了很多水，还做了个小瀑布，但这是个露天的场馆，怕热这个问题怎么都解决不好。

2018年4月25日上午9点30分，这头白熊在新加坡动物园永远地闭上了眼睛，享年27岁，这在北极熊中已经是高寿了。新加坡动物园决定，未来再也不养北极熊了，就因为养不好。

这是一种负责的态度，如果人类的爱无法完善表达，无法让这些动物过得好，那么，我们应该放手。

渔猫

再来说说夜间动物园。顾
名思义，这是一个晚上才
能看的动物园。看起来，
这仅仅是开放时间的变化，
但其实，背后的理念、管
理方式都大有不同。

云豹

逛夜间动物园有两条路线，一条是车行线，一条是人行道。大家去的时候可以选择先上车。坐车绕夜间动物园一圈，大约需要 40 分钟。车比较快，在上面只能走马观花地把整个动物园逛一圈。这一圈，如果不细看，会漏掉不少亮点。

比方说狮子。是个动物园就有狮子，即使养得特别好也就是狮子。所以看到这些"大猫"——即使是下面那头大白狮——我们也没有太在意。没想到，一群奇怪的雌狮出现了。它们耷拉着肚皮，上面有很多褶皱……

这是亚洲狮！

是的，亚洲也是有狮子的。为什么大家都不知道呢？因为太少了。它们曾广泛分布于中亚、南亚，但现在几近灭绝。要不是印度人给它们留下了一点血脉，亚洲狮早没了。目前，全世界的亚洲狮也就几百头，在新加坡夜间动物园一看就能看到近十头，简直超值啊！

从看到亚洲狮之后，我就惊觉夜间动物园的厉害了。下了车，走上步道，这才是主菜。

夜间动物园的一大魅力，就在于能够看到动物在夜间的行为。

新加坡夜间动物园的整体环境非常暗，最亮的动物展区也仅仅有一盏亮度类似于满月的灯。而针对那些适应极暗环境的动物，笼舍里的灯光就特别暗了，甚至在有些笼舍里灯是暗红色的，这就是在尽量减少对夜行动物行为的影响。于是乎，仔细看，能找到不少有意思的自然行为。

亚洲金猫

赤麂

我印象最深的一段，是赤麂和鼷鹿混养区展示出来的。

赤麂是一种小型鹿，只有大狗那么大，比较容易神经质。上面这张图里是只公赤麂，角很漂亮，身体状况很好，皮毛油光水滑。在它身边，还有一头雌鹿……等等，暗处有个小东西在走动。

咦，这是一家子吗？兴许是大晚上的，雌鹿放松了很多，带着小家伙出来转一转，然后就遇到了我们这些游人。我是第一次看到"赤麂崽子"，于是和朋友们多待了一会儿。没多久，别的游人见我们站着看，于是人群聚拢了过来。

麂鹿

这时，鹿们有点紧张了。有意思的事情发生了。

雌赤麂抛下"小崽子"，径直走向趴在地上的公鹿。公鹿也不动，就看着雌鹿在自己身边走来走去。被抛下的"小崽子"掉头走向远离雌鹿的方向，躲到了一棵树的阴影之下，一动也不动。

上面这张图是我用单反长曝光＋超高感光度拍下来的，人眼根本看不到——要不是我观察到了全过程，根本没法在乌漆墨黑的树影下找到小鹿。这样的应对方式，我猜应该是赤麂幼崽避敌的策略：老妈把敌人引开，自己躲进阴影里。

但是，我猜错了。经朋友提醒，这个小的不是赤麂，更不是幼崽，而是只鼷鹿。大家可以仔细看看它嘴巴，上面有个小獠牙。躲在暗处不动，是鼷鹿的夜间御敌策略。

好玩的是，回看照片时我发现这小家伙一直在嚼嚼嚼，倒没忘了吃啊……

麂在英语里也叫"犬吠鹿"（barking deer），说的是它们在遇到敌害时会像狗那样吠叫。这个声音我们没听到，看来赤麂也不是很紧张。

那些嚣张的掠食者在夜晚
动静就大多了。比方说斑
鬣（liè）狗。我们刚看到
那群斑鬣狗的时候，它们
还很恬静，岁月静好。

没过一会儿，喂食的饲养
员出来了。他刚一靠近，
斑鬣狗们就炸锅了……等到
几块肉扔了进来，狗群争
抢了起来。几只斑鬣狗兴
奋得大叫，一时间，狂笑
声在夜空里飘荡不停。

斑鬣狗的叫声，真的和人
类的怪笑很像啊。我还是
第一次听到。

在自然界当中，很多动物
都是晨昏行动，或者夜晚
出门。只有在这样的夜间
动物园里，才能够看到如
此多的夜间行为。

斑鬣狗

另外，新加坡动物园群里还有专精淡水河流生态的河川生态园、展示奇异飞鸟的裕廊飞禽公园。

不管在哪儿，动物园很常见，鸟语林曾经很常见，海洋馆正在越来越常见，但专精于河流的动物园或者水族馆却非常少。

新加坡动物园群内的河川生态园就是这样一个以展示全球大江大河生态为特色的动物园。在这里，你能看到美洲的亚马孙河和密西西比河，非洲的尼罗河和刚果河，亚洲的长江、湄公河和恒河，澳洲的玛丽河。在这些大河当中，生存着许多河中巨怪或是神奇的鱼类。例如，刚走到非洲河流区，你就会看到一群体长一米、牙齿吓人的大鱼——狗脂鲤。

狗脂鲤

而在狗脂鲤的另一侧，是一种有着长鼻子的怪鱼：象鼻鱼。象鼻鱼在水族市场里被称为"海豚"，看那样子确实有几分像海豚。

象鼻鱼

如果你对淡水鱼不熟悉，那么，到河川生态园里面逛一圈，看看它们的水族缸，就会有一种开了眼的感觉。对于很多人来说，鱼嘛，就是烤、清蒸、红烧、刺身、寿司，但其实，鱼类是多样性最高的脊椎动物，全世界各地有着各种各样不同的鱼。这样一座河川生态园，会让我们感受到鱼类的多样性。

在这座动物园中，也不只有鱼，还有一些其他动物生活在模拟自然环境的展区中，例如恒河鳄。

恒河鳄

在这个巨型鳄鱼缸的橱窗前，你能看到恒河鳄在水下潜伏着，而在水面上有小型的瀑布，有合理的植物，水中有伴生的龟和鱼。这样的动物，就应该生活在这样的地方。诸君，能看到鳄鱼在水下干什么的鳄鱼展区，你见过几个？河川生态园的这些展区，你永远都能从侧面看到水下的详情，这才是展示水生生物应有的方式。而在展区旁边，又是一排详尽的展板。恒河鳄鼻子上的肿包是怎么回事，它们的嘴怎么这么细长，该怎么保护这种动物，答案应有尽有。

裕廊飞禽公园的历史比新加坡动物园还要长，相比后起之秀夜间动物园和河川生态园，它的设施和理念看起来都稍微老一点——不过相对国内的绝大多数动物园，还是特别优秀的。

我参观这座动物园的时候运气很好，观察到了三种动物的繁殖行为。

第一种是鹈鹕，我第一次看到它们在树上筑的巢。

在树上筑巢的鹈鹕

第二种是小天堂鸟。这只雄鸟像个痴心汉一样在笼子里跳来跳去、不停鸣唱，为了求偶也是拼了。

小天堂鸟

双角犀鸟

第三种是各类犀鸟。雄犀鸟在繁殖季节会把雌鸟封在树洞里，供养它们吃喝。这样的行为，我最早是在书上看到过，当见到实物之后，感受深切了很多，一些以前不太理解的问题马上迎刃而解了。

但要论精彩，新加坡各个动物园里最精彩的总是合理的混养。裕廊飞禽公园有几个封闭式混养鸟舍特别精彩。例如一个叫"森林之宝"的展区，它的面积有 3000 平方米，高有 14 米，在这样一大片区域里，看到一群群鸟在其中盘旋，那种震撼的感觉，必须亲临才能感受得到。

LONDON

伦敦动物园

伦敦动物园是全世界最古老的科学动物园，开园于 1828 年 4 月 27 日，其土地面积只有 15 公顷。相比之下，北京动物园约有 90 公顷，上海动物园有 74 公顷，乌鲁木齐天山野生动物园有 6000 多公顷。这还是一个私立动物园，靠捐款、门票收入和赞助运营，没有什么常态化的国家资助。可以说，这个动物园界的老祖宗其实是个小户人家。

然而，如果你去伦敦动物园逛一逛，会发现好像怎么逛都逛不完，仿佛一个时间黑洞。无他，这里的信息密度实在是太高了。

如果说新加坡动物园能够告诉我们动物在动物园里可以有尊严地活着，也能给我们带来乐趣，那么，除了这些，伦敦动物园还能告诉我们一座先进的动物园可以有多美。

伦敦动物园没有大象，最大的动物是长颈鹿，河马也是小小的倭河马，几乎放弃了大型动物的展示。毕竟，大象、大群的羚羊什么的，必须要配置大的活动场，这大概是小小的伦敦动物园解决不了的。

但你要以为这里没什么动物可看，那就大错特错了。

金刚的家

我们可以好好看一看大猩猩王国展区。除了港澳台地区之外，大猩猩在国内很少见，只有三家动物园有，其中郑州动物园和济南动物园只有一头雄性，这种展示方式其实不对，因为大猩猩是群居动物。只有上海动物园有一个家庭。但如果看过伦敦动物园的大猩猩王国，就会发现上海的大

大猩猩

猩猩馆实在是太寒碜了。伦敦的大猩猩馆无论内外舍，都
有异常复杂又漂亮的爬架，外舍的绿化充分发挥了英国人
的园艺天赋，做得好看又有层次；内舍的地面上有厚厚一
层土，上面铺着落叶，一大家子大猩猩就在里面玩耍或者
盯着外面愚蠢的人类。

伦敦动物园小，想要展示丰富，就必须提高展示密度。大
猩猩的身边，还有好些诸如白顶白眉猴、黑白疣猴、绿林
戴胜之类的小型非洲动物的展示。这样，才配称得上王国嘛。
这些小动物也有很多有意思的地方，例如，白顶白眉猴是
2 型 HIV 病毒的天然宿主，它们携带这种病毒是不会患病
的。在它们身上，我们或许会找到攻克艾滋病的线索。

白顶白眉猴、绿林戴胜在国内动物园里应该是没有的。伦

白顶白眉猴

敦动物园里还有很多这样不那么常见的野生动物，例如日鳽（jiān）、刚果孔雀、獴狐狓等。分主题、高密度、多物种的展区，让整座动物园的信息密度极高，走两步就要看半天。时间黑洞就是这样形成的。

伦敦动物园的野生动物保护宣传特别真诚，没有退化成可爱动物保护。园中有一个大型虫馆，对昆虫、蜘蛛等虫子有着系统的宣教。这个虫馆里也有罕见的物种，例如植狡蛛，这是一种水生蜘蛛，在英国是濒危的本土物种。伦敦动物园虫馆内有一个不大的养殖缸，内部重建了一小块沼泽地，供植狡蛛繁殖和生活。

虫子的保护宣传，最关键的是脱敏和祛魅，毕竟大

绿林戴胜

植狡蛛

众（尤其是城市居民）对虫子的印象，还是以害怕和讨厌居多。伦敦动物园就设立了很多能让人脱敏的展区。例如，虫馆内有一个可以进入的蜘蛛展示间，结网的蜘蛛就生活在步道两旁，会有讲解员带你观看蜘蛛的生活。而在虫馆的另一边，还有不少蟑螂的展示。这里有一些漂亮的蟑螂，绝对会改变你对这类虫子的印象。

要是怕近距离接触蜘蛛、蟑螂，还可以去蝴蝶馆看蝴蝶落

近距离观察蜘蛛的生活：卵囊

蝴蝶馆的蝴蝶

在你身上。这儿自由飞舞的蝴蝶会展现出很多有意思的行为。比如，左图中虚掉的是一只雄蝴蝶，下方的雌蝴蝶抬起腹部表示不想交配，但雄蝴蝶依旧在持续骚扰它。

伦敦动物园的动物，饲养水平肯定是一流的。在国内，一个动物园只要动物健康、行为丰富，那就是一个好动物园了。但如果你去过发达国家的动物园，看到伦敦动物园这样的动物园，会发现养得好只是第一步，许多动物园已经进入展得美的境界了。

动物园的"美"，是什么样的美？首先得还原自然。

伦敦动物园的雨林动物区就是还原自然的典范。这

盔凤冠雉

是一个巨大的室内温室，复杂的爬架和热带植物占据了三
层楼高的空间，金狮狨（róng）等美洲小型灵长类生活在
高处，盔凤冠雉等大型鸟类生活在下层，整个展区高低错
落，有许多不同的观景窗口，能看到不同的南美雨林动物。
身处自然的雨林中也不过如此了。

另一个层次的美是契合人文。

伦敦动物园有一个亚洲狮展区，是的，亚洲是有狮子的。曾经，狮子广泛分布在西亚、中亚、南亚，但随着这几个地区的人口越来越多，人类的版图越来越大，狮子越来越少。到了现在，只有印度的吉尔森林国家公园里还保存着 500 多头亚洲狮。

伦敦动物园的亚洲狮展区就是在模仿吉尔森林国家公园，一方面重建了印度野外的环境供狮子生活；一方面在游客的观察面中，修了许多模仿印度社区的陈设。这个时代的物种保护，其实是在调和自然与人类的关系。吉尔森林国家公园的区域里不只有野生动物，

亚洲狮展区的印度风格装饰

装饰亚洲狮展区的电影海报

还有农民、牧人和保护工作者，他们和狮子之间的关系，影响着最后的亚洲狮的生存。展示亚洲狮和亚洲狮身边的人，更便于让远在伦敦的游客知道保护工作的不易，更容易实现合作而不是对抗。这样的展示非常棒。

顺带一说，亚洲狮展区放的录音居然有印度口音，那声音特别跳脱，特别引人注意，同时还很契合环境，但总让人觉得是英国人在玩冷幽默。前文提到的虫馆里有一个展示食肉蜗牛的展柜，那儿放的食肉蜗牛的纪录片是法语的，要知道，法国人可爱死（吃）蜗牛了，这也一定是玩梗吧！

伦敦动物园不只有这一处契合人文的美景。他们的鸟舍模仿的是维多利亚时代收藏家的展示柜，虎区展现了东南亚油棕产业的矛盾，都很美，也很让人感慨。

在我们的动物园还在纠结怎么把动物养好的时候，世界上先进的动物园已经在考虑如何展示更多信息，如何让园区更好看、更有艺术人文气息了。这样的差距实在让人叹气。我们需要加大投入迎头赶上。

鸟馆的装饰

MOSCOW

莫斯科动物园

如果你要去莫斯科，千万不要错过莫斯科动物园。

中国动物园的大量出现，是在 1949 年之后。而在那个时代，可供中国动物园参考的样本，自然是老大哥苏联的动物园。这其中，莫斯科动物园又是蓝本中的精品。

在那个年代，动物园重视的是收藏。各家动物园都像一个个集邮爱好者一般，以收集的物种多为好。中国的动物园，就跟随苏联走上了"集邮"的道路。在这样的指导思想下，动物园着重于向游客展示收藏，不太重视动物福利，因此建造了很多现在看特别落伍的场馆。特别有中国特色的"坑式展区"，其实就是跟苏联学的。

但近几十年来，俄罗斯的动物园正在抛弃苏联那一套，大步迈向基于自然教育、重视动物福利的现代动物园的形态。尤其是莫斯科动物园，为我们树立了新标杆，由于根基相似，莫斯科动物园这个范本也更好学。

新加坡动物园、伦敦动物园的好，很可能还得很久才能在中国出现。但莫斯科动物园的好，或许能够成为中国动物园近期的努力目标。

莫斯科动物园占地面积为 21.5 公顷，只有北京动物园的四分之一大。但从早上 7 点 30 分开园，我就进了门，一逛就逛到了晚 7 点，在里面待了近 12 个小时。园中的信息量非常大。

每一个国家都有一些重要的窗口城市。这些窗口城市的动物园对整个国家来说都有非凡的意义。它们要向国民介绍世界，也要向世界介绍自己。能做到这两点的动物园方才堪称国家动物园。莫斯科动物园就是这么一座。

莫斯科动物园是如何向世界介绍俄罗斯的自然的？我们先来看看他们的动物明星。

北极熊

要挑一种动物代表俄罗斯，那必然是北极熊。这种动物在莫斯科动
物园里拥有超然的地位。为了让这些来自北极的白色生灵度过莫斯
科的盛夏，莫斯科动物园制造了一台巨大的造雪机，每天随时会向
室外场馆输送新鲜的白雪。我去的时候，造雪机下就有一大摊积雪。
积雪上最好的位置被一头北极熊占据着，它惬意地躺在上面打着盹。

大概也只有能源较为便宜又无比重视北极熊的俄罗斯，能有这样的大
手笔。

雪堆上方的管子就是造雪机的出雪口

北极熊场馆里有个巨大的水池。水池的前方，有一个下沉式的咖啡厅。游客可以坐在咖啡厅内，看着北极熊在窗外的水池里或岸上玩耍。莫斯科人太爱他们的北极熊，咖啡厅里的电视中一直在播放它们的纪录片，告诉游人这几头熊的来源。

有朋友告诉我，这个水池冬天也会注上水。在国内，有些北方的动物园一到冬天就不给动物园放水，据说是怕水管冻坏，然而，莫斯科动物园可不会担心水池会被冻坏。

除了北极熊这样的大家伙，莫斯科动物园还有一些小型本土动物的展区特别精彩。我印象最深的一个，就是河狸的展区。莫斯科动物园的河狸做了巢，巢体看起来是饲养员帮忙搭建的。于是，阴险的人类在河狸巢里安了一块玻璃，游客走进夜行动物馆就能看到河狸育幼。这样的安排实在是太巧妙。

正在筑巢的河狸

我们这些动物园爱好者，非常在意动物园对本土动物的展示。莫斯科动物园在这方面做得相当不错。除了北极熊、河狸，园内还展示了东西伯利亚源羊、欧亚猞猁、狼獾、兔狲等多种本土动物。虎、豹、狼这样有多个亚种的大型猛兽，莫斯科动物园展示的都是本土亚种。像狼，他们展示的就是白色的苔原狼，颇有特点。

苔原狼

薮犬

而在"向国民介绍世界"的
向度上，莫斯科动物园也做
得不入俗套。中国的有些动
物园介绍国外的动物，常常
会着力于非洲狮、猎豹、长
颈鹿、斑马等非洲明星物种。
似乎有了这些动物，就是开
眼见世界了。莫斯科动物园
的选择可不只是这些，就拿
在动物园里不是很常见的动

物来说，就有南美的薮（sǒu）犬和细腰猫。

薮犬是犬科中的小短腿，按比例算，应该是腿最短的野生犬
科动物。莫斯科动物园犬科展区的设计者十分幽默，把犬科
腿最短的薮犬放在腿最长的鬃狼旁边，可以说十分"恶意"了。

不过，你可别以腿长论凶猛。大长腿鬃狼是最和善的犬科动
物之一，日常较多吃素。而薮犬可不是吃素的，在野外常常
会集群围猎大猎物。

在动物园里，中南美洲的细腰猫比薮犬要稀有得多，我也是第一次见这种动物。分类学家认为细腰猫和美洲狮的关系非常近。所以，我一直以为细腰猫和美洲狮类似，个头不小。没想到，见到后才发现体长和大号家猫差不多，身体还细上一圈，果然很"细"了。

莫斯科动物园的猫科阵容非常华丽，除了细腰猫，至少还饲养着东北虎、远东豹、雪豹、猞猁、美洲狮、丛林猫、非洲野猫。他们似乎很喜欢这样成系统地饲养某一类别的动物。除了猫科动物之外，莫斯科动物园还如此饲养了山羊、鹤和雉，如此全面地展

细腰猫

避日蛛

示一类，也是介绍世界上动物的好方法。

论种类，论生物量，各种虫子远远多于脊椎动物。但很少有动物园关注虫子，简直就是脊椎动物沙文主义。莫斯科动物园就很良心，有一个饲养了许多热带昆虫的昆虫馆，其中尤以东南亚的竹节虫居多。

更为惊艳的是，莫斯科动物园内还有一个小型的蛛形纲展馆，每天定时开放数次，需要现场提前签字预约。一到时间，会有一个研究员带着你看各种蜘蛛、蝎子。馆里除了宠物市场里常见的各种狼蛛、捕鸟蛛之外，还有少见的无鞭蝎、有鞭蝎和避日蛛。如果你喜欢节肢动物，那肯定会喜欢这个地方。

昆虫和蜘蛛都养得好，就更别提两栖爬行动物了。莫斯科动物园有两个爬行动物馆，一个饲养鳄鱼和大号的蟒、蚺，一个饲养小号的两栖类、蛇和蜥蜴，都很精彩。

这样的本土物种、国外物种的搭配，真的是做到了"向国民介绍世界，向世界介绍自己"。

高纬度地区的动物园，冬天都会面临难题：夏天外场好丰容好做绿化，冬天用的内舍咋办？莫

猞猁

斯科动物园的答卷很漂亮。

我们先来看看亚洲象。这么说吧，莫斯科动物园的象馆太厉害了！

亚洲象馆的室外活动场有厚厚的细沙，附带一个不小的游泳池，池水至少有两米深，还带个小瀑布。我们去的时候，正好遇到象妈妈带着孩子下去玩，它把孩子顶在脖子上教孩子

正在玩耍的亚洲象

亚洲象馆内景

玩水，别提多开心了。玩完后，上岸就开始做沙浴。

更厉害的是内舍。

这个亚洲象馆有一座巨大的内舍，围栏之内，是一个巨大的运动场。运动场挑高很高，里面也有一座水池，而且也是流水。这样一座运动场，简直有"侏罗纪公园"系列里那座饲养霸王龙的场馆的感觉。

更精彩的是，这座巨型亚洲象场馆里还有特别好的科普内容。从

亚洲象馆里的蹄兔

外部进入场馆的走道两边，满是各式各样的展板。这些展板从大象的基础知识介绍到了各地的文化意象，有文字，有图片，还有可以互动的教具，让游客可以感受大象鼻子、牙齿等器官的质感。

象，隶属于非洲兽总目，这类动物的演化中心在非洲。在这个总目里，有一类叫蹄兔的小动物和象的关系很近。于是，莫斯科动物园在象馆里养了一窝蹄兔，笼舍里有沙地，有小树，有假的岩石可以攀爬。这些活泼的小家伙看起来在笼舍里玩得很开心。

这样一座亚洲象馆，冬天的展示能不好？

莫斯科动物园的室内鸟馆也值得国内的动物园好好学一学。

这个鸟馆的各个展馆都是室内展示，水平其实并不能和世界上最好的那些动物园比，场馆也不大，但各种小细节很上心。比方说，鸟馆二楼的好几个笼舍其实整体水平和北京动物园的犀鸟展区差不多，但如果养的鸟下地，地上就有厚厚的垫材，

大眼斑雉

不会让鸟踩水泥地面。

这里最好的一个展馆是一楼的一个大混养笼，其中设置了一条流水的小溪。周围有各种鸻、燕鸥，旁边的小树上有蕉鹃，很漂亮。笼舍的天花板上，还有一个向内开的小暗层。鸟儿繁殖时，可以把巢建在暗层里面，以便躲避游客的视野。这个细节非常良心。

莫斯科动物园还有好几个场馆有内馆。这些内馆的基建水平都和鸟馆差不多，并不像亚洲象馆那样高。但内馆里的丰容都做得很好，而且照明也很棒。这样的笼舍，虽然也不能完全解决冬季的难题，但他们的努力你看得到。

在莫斯科动物园里逛一圈，

你能感受到这是一个有年头的动物园。园内有很多新式的场馆，理念先进，就像亚洲象馆那样，但也有很多老式的场馆，例如它们的狮山、豹舍，就和中国的许多动物园很像——中国动物园的建设，当年有很多是向苏联学的。就拿这个和我们底子很像的豹舍来说，人家把好几个笼舍串连了起来，都给了豹子，内部想方设法地放丰容玩具、做绿化，显示出来的精气神就是不一样。

如果俄罗斯人能把老式的动物园改进得这么好，那么，我们中国人也应该可以。

鸟馆的溪流造景

停在溪边柳树上的蕉鹃

PHNOM PENH

他茅山动物园及野生动物救护中心

即使你对动物园很有兴趣，他茅山这个名字恐怕你也没有听过。这座他茅山动物园及野生动物救护中心（Phnom Tamao Zoological Park and Wildlife Rescue Centre）位于柬埔寨首都金边的远郊。我去逛的时候，也不过是觉得来都来了，就去打个卡吧。

但这么随意的一逛，却发现它可能是我在东南亚遇到的最用心的动物园之一。"救护中心"这几个字的分量，在这座动物园中无比之重。"守护自然、保护动物"在这里不是一句口号，而是每天的日常工作。

这座动物园能够告诉我们一个道理：即使不富有，我们人类也能够给动物以尊重。

猴乘赤麂

他茅山动物园在金边城西南 30 多公里之外，车程需 1 小时，可包的士或突突车前往。园内可走车，但建议到门口步行，否则容易错过动物。

从售票处行至地图上标记了博物馆的位置，就能看到铁丝网拦住的一大片区域。其中生长着不少十几厘米粗的半大不小的树木。在这片年轻的林子里，混养着一小群赤麂和坡鹿，还生活着一大群本土原生的食蟹猕猴。这些动物自由地生活在如此之大的区域中，赤麂怕羞的性格都得以保存，看到人靠近观察，还会向远处逃窜。

然而，麂子逃得开人的视线，却躲不掉烦人的猴子。大概是实在躲不开，赤麂和猴子建立了亲密的关系，竟然允许猴子

熊的活动场

偶尔坐在它们身上。调皮的猴子不时地会拉拉麂子的尾巴、耳朵，有时还会坐在麂子身上跟着它移动，简直跟骑乘一样。在日本的一些地区，猴子和鹿之间产生了很深厚的友谊，但我还是没想到，赤麂这么胆小、怕羞，居然也能和猴关系这么好。

入口处的场馆，给整个园的水平定下了一个基调。他茅山动物园的场馆植被都很好，毕竟是在热带，树长得快。但要论饲养水平和丰容水平，还得看他们的熊舍。

左图，是他茅山动物园最好的熊舍之一，这里有高大（但不可爬）的天然树木，有多层的人造爬架，有用心的丰容玩具，有可供玩闹降温的水池，有信息丰富的科普标牌。这样的场馆，视线比较开阔，更偏向于向游客展示熊的生活。

而在另一边，还有一批更简单的熊舍。里面有厚实、遮挡视线的植被，看起来较简陋但功能不差的爬架，缺少自然教育的信息，这些造价较低的笼舍，是用作救护的。

后一种笼舍中的亚洲黑熊，其实生活得不差。

原来，他茅山动物园的底子，其实是野生动物救护中心。1995 年初次开放时，它是柬埔寨第一座官方的野生动物救护中心。2000 年，这里建了第一座亚洲黑熊笼舍，开始针对性地救助生活在非法贸易、盗猎阴影下的黑熊。随后的近

泡澡的黑熊

玩耍的黑熊

20 年中，这里救助的熊越来越多，救助的种类也囊括了亚洲黑熊和马来熊。所以，才有这么多的熊舍。

整个他茅山动物园，都建立在救护中心的机制之上。至今，这个归柬埔寨政府所有、国际 NGO 野生生物联盟（Wildlife Alliance）辅助运营的动物园 / 救护中心饲养过 100 多种、1400 多只动物。所有的这些动物，都是被救护而来，有的是非法贸易的猎物，有些是毁林开发的受害者。

总体上而言，他茅山动物园的亚洲黑熊和马来熊饲养水准，不比四川成都的龙桥黑熊救护中心低。但上面说的两类熊舍中的熊，生活状态也不太一样。救护熊舍不是为展示所建，不太适合观察，也无法阻挡投喂，里面的熊看到有人靠近，都会走过来乞食。造价昂贵的展示熊舍里的熊就不会这样。不得不说，这是他茅山动物园的一个瑕疵。

不瞒大家说，我看过他茅山动物园的资料后，最感兴趣的动物是穿山甲，但在动物园里，我根本没看到。为啥呢？野放了。是的，这可不是那种只进不出的救护中心。

但也有些动物无法回到野外了。比方说小公象楚克（Chhouk）。

2007 年，柬埔寨东部的蒙多基里省的森林里出现了一头独自漫游、浑身是伤、特别瘦弱的小象。这头小象很幸运，它遇到了世界自然基金会（WWF）的"巡护象骑兵"。无助的小象，跟着巡护人员胯下的大公象回到了人类的营地。

工作人员赶紧抓住了这头小象，他们发现，这个小家伙身体状况特别差，左前腿还受了重伤——大概是兽夹所致。

工作人员判断，小楚克在自然环境中肯定无法存活。于是将它转运到了他茅山动物园。小楚克最麻烦的伤口，还是左前腿。为了解决这个问题，兽医们给楚克开了镇静剂和抗生素，为它清除烂肉和碎骨；饲养员们彻夜守在它身边，用食物和陪伴抚慰它。动物园里的一个官员，甚至买了一串香蕉和两只鸡作为献祭，祈祷楚克能够康复。

这一切都生效了。楚克慢慢地恢复了健康，但它的左前腿，还是永远地短了一截，成了一头跛象，无法自由地奔跑。2009 年，在国际同仁的帮助下，园方给楚克的脚做了详细的检查，然后给它定制了一个昂贵的义肢。

楚克再次奔跑了起来。我去的时候，看到它在运动场上撒欢，扬起一片沙尘。

坦率来讲，如果仅从自然教育和动物展示的角度看，金边他茅山动物园不是一个十分优秀的动物园。这里展区水平参差不齐，既有十分优秀的熊舍，也有比较一般的灵长类展区。

除了野生的食蟹猕猴，这里还饲养着戴帽长臂猿、银叶猴这样罕见的灵长动物。但这里的灵长动物展区，是典型的东南亚欠发达国家猴舍水平，铁丝笼子还好不太小，里面还有一些爬架做丰容。

自然教育的部分更是比较欠缺，除了熊和象的领地，连科普展牌都比较少见。

戴帽长臂猿

为啥会这样呢？简单说：缺钱。

柬埔寨是个欠发达国家，在野生动物保护和救助上投入不了多少钱。在动物保护的领域，国际 NGO 也没那么有钱。大概正是因为缺钱，他茅山动物园更多保障的是救护的任务，那些没那么"重要"的动物，所受的关注就不是很多。而自然教育内容的缺失，让我进去逛得有点一头雾水。

如果你想帮助这个动物园，可以上他们的官网看看。园方和野生生物联盟接受捐款。

除了捐款之外，你还有个选择。假如你要去金边旅游，可以匀出一天来，参加金边他茅山动物园官方组织的体验活动。

微博上名为"唐招提寺的梅花鹿"的网友参加过这个活动。活动中，他跟着饲养员进了动物园的后台，近距离观看了饲养员给楚克修脚、做检查，然后穿上义肢的过程。跟着饲养员，这位朋友还看到了一些前台看不到的动物。比方说全世界动物园罕有的毛鼻水獭、从泰国虎庙缴获的老虎。这里的动物都是救助而来，每一只都有自己的故事。

这趟行程不便宜，单人 150 美元，包括金边的往返交通和午餐。但在国际旅游点评网站 TripAdvisor 上，有许多对这个活动的好评，大家可以去看看。

无论是对游客还是对动物园来说，这样的活动，大概比单纯的捐款更有价值。

银叶猴

SURABAYA

泗水动物园

如果你去搜索"世界最差动物园是哪一个",谷歌会告诉你两个答案:巴勒斯坦的加沙动物园和印度尼西亚(简称"印尼")的泗水动物园。加沙动物园的差情况比较特殊,那里战火纷飞,动物园运营停顿,许多动物饿死后被晒成了干尸。

排第二的印尼泗水动物园是印尼最老牌的动物园之一,建园于 1918 年。它能有这么个坏名声,很大程度上是因为那儿出过一次"狮子上吊"的爆炸性事件。是的,狮子上吊,狮子上吊,狮子上吊……

爆出这件事情之后,各家媒体又挖出了泗水动物园的各种问题,包括动物死亡率高啊,动物活得很惨等,于是泗水动物园又有了一个"死亡动物园"的称号。

围绕着泗水动物园,还有一些非常黑色幽默的信息。比方说,谷歌搜索标注的泗水动物园的标志性动物是长颈鹿 Kliwon。标志性动物怎么说也应该是一个动物园的骄傲吧。然而,

如果你搜索长颈鹿 Kliwon，会发现它也死了，死于吃了太
多游客投喂的塑料袋……

因为它那里发生的事件太离奇了，所以不少假新闻网站也
拿泗水动物园开涮。比方说，知名的假新闻网站世界新闻
网（http://worldnewsdailyreport.com）就造谣说，泗
水动物园查获一起饲养员性侵红毛猩猩的案子。刚看到这
个"新闻"时我没注意来源，差点就信了。

如今，加沙动物园已经关闭。想要领略"全世界最差"的
水平，就只能前往印尼爪哇岛上的泗水市。多年来，包括
善待动物组织（PETA）在内的许多 NGO 组织在呼吁关
闭这家动物园。后来，印尼政府接管了泗水动物园，开始
了整改。

2017 年 5 月底，我去了一趟泗水动物园。逛完之后，我
见识到了知耻而后勇的力量。

有些动物园的差是平庸之恶，你也挑不出来特别差的细节，但几乎所有的场馆、笼舍都不怎么样，合起来就是让你觉得差。但泗水动物园就不是这样。这座动物园有相当好的部分，但也有些地方差得离谱。好的部分我们之后讲，先来看这部分特别差的。

你见过大型养鸡场的鸡笼吗？至少肯定看过图。

那么，你能想象，一个动物园能把大型水鸟养成这个样子吗？泗水动物园就做到了。看看这个笼舍，几十平方米的面积，里面养了上百只大型水鸟，鹈鹕、鹭、鹳鹳，应有尽有。在一般的动物园里面，这些水鸟会散养在水禽湖中。泗水动物园有一座小小的水禽湖，但湖里鸟很少，这些水鸟全都关在几座拥挤的笼子里。

这个笼舍位于动物园东边的水鸟区，整个区域内的鸟类基本都是用不够大的老旧笼子圈养的，笼内没有什么丰容，设施也很差。里面关的动物行为都不太正常，比方说这里有一只刻板行为特别严重的小秃鹳，不停地嗑自己的上下喙，实在是无事可做啊。

在它们的南边是巴厘岛长冠八哥的笼舍。那里有一排五六间小房子都用来饲养这种鸟，有的是铁丝网编的大型鸟笼，有的是有玻璃门窗的室内繁殖室，里面的植被都很好，群居性的长冠八哥在里面行为也非常正常。泗水动物园参与了一个巴厘岛长冠八哥复兴计划，能稳定地向巴厘岛的保护区里输送人工繁殖个体。想养好鸟，泗水动物园并非做不到。

两相对比，大型水鸟展区就更让人觉得差了。

在微博上，我们老是看到游客吐槽哪儿的动物园又虐待动物啦，搞得老虎瘦得跟猴似的。在各种吐槽泗水动物园的报道里，也总是提到有些动物瘦得不成样。我去的时候，倒并没有看出园中的

渔鸮的小笼子

巴厘岛长冠八哥

肥胖的红毛猩猩

老虎有多瘦。但是，我在动物园里看到了很多大胖子。最夸
张的例子是红毛猩猩。

哈？这是一个球吧？

不光是红毛猩猩，园内的科莫多龙、熊狸等动物也胖得厉害。
看看这头科莫多龙，往地上一趴就是一摊。

肥胖的科莫多龙

没有病的动物养得太胖，一方面是饮食控制得不好，另一方面是丰容不好，场馆单调、地方太小导致动物运动量太少。还是以那两只红毛猩猩为例，它们的运动场就很小，里面可以玩的设施也不多，还没有高树可以爬，如果还不控制饮食的量，不胖还怪了。

说到科莫多龙，泗水动物园的科莫多龙可是一大特色。截至2015 年，该园拥有 70 多条科莫多龙，其中有相当一部分是他们自己繁殖出来的——为了防止"龙口"过剩，他们甚至在别处单独建了一个科莫多龙公园来消化这部分个体。

园内的科莫多龙区很大，是一片露天的带围墙的圆形区域，里面被分隔为若干个小笼舍，同一个笼舍内的个体大小都差不多。当我们围着这个区域转的时候，看到有一个区域内有

位饲养员正在打扫，想必那个区域内的科莫多龙肯定关起来了，就看不到了吧。

走近一看，咦，科莫多龙根本没有关着好嘛，饲养员身边有好几条好嘛……吓得我相机都没端稳……

看到我们一脸震惊地看着他，饲养员问："你们想摸一摸科莫多龙吗？"说完就俯身摸了摸身边那条科莫多龙。

坦率来讲，喂饱了、养熟了的科莫多龙并不是特别危险，攻击性不太强。也的确有人饲养科莫多龙当宠物，那些人也会零距离无遮蔽地接触科莫多龙。但当宠物养一两条是一回事，动物园里养一大群又是另一回事。

无论是中国动物园的规章制

度，还是发达国家动物园的规矩，饲养员清扫猛兽笼舍前必须先把动物引开，关到安全的地方，有些特别危险的动物还必须保证饲养员和动物之间有两道安全门。像这样清扫科莫多龙的展区肯定有问题。

泗水动物园饲养员的随意并不只针对科莫多龙，我们在园里看到他们在清扫狒狒的笼舍时也是这样的，直接走到里面去，动物就在身边。对于人类来说，狒狒也是一种危险的动物。

这样的细节告诉我们，这个动物园的规章制度贯彻得不够彻底，或者规章制度本身就不合理。

如果排除掉差到莫名其妙的水鸟区，泗水动物园的场馆

枝头啸鸣的合趾猿

平均水平和中国省级城市动物园的平均水平差不多，谈不上好，每个场馆都能挑出一些毛病，但又谈不上差。如果考虑到这里气候湿润炎热，植被茂盛长得快，那泗水动物园的场馆比中国北方省级城市动物园的平均水平还好一点。

泗水动物园的灵长类场馆，是整个动物园里水平最高的，也可能是最新的一批。我们去的时候，正好遇到他们在翻新猴展区和大猿展区。

这里的猴展区，都是用类似护城河的水域围成一块块的室外活动场，活动场大小不一，小的也有上百平方米。这里饲养着苏拉威西黑冠猴、日本猕猴、南方豚尾猴、几种狒狒、红毛猩猩等灵长类，每一个展区都针对不同动物的习性有不同的丰容策略和视觉设计。这一片肯定是刚修的，我们去的时候还没修完。这些新展区的效果暂且不谈，它们有好有坏，但园方很明显用了心。

长鼻猴幼崽

而长臂猿的展区更好了。这里采用了东南亚动物园里常见的长臂猿岛设计，岛周围有水，这样就不用设栏杆，动物也不容易受到游客干扰，饲养员想要投食则需要划船过去。岛上的树很高，树冠非常茂盛，每个岛上都是一个家庭。在这样的状态下，长臂猿很自然地展现出了自然行为——鸣唱斗歌。

泗水动物园的长鼻猴展区也是类似的设计，但场地更大，绿化、丰容更好，并且在其中混养了鹿和鹤鸵——二者生存环境和长鼻猴类似，这样立体分层的展示，让整个展区更加生动了。长鼻猴是分布在加里曼丹岛（婆罗洲）的濒危（EN）物种，它们在印度尼西亚、马来西亚的地位，和金丝猴在我们国家

的地位类似，拥有整个动物园里最棒的展区也是自然而然的事情。

说到鹿，泗水动物园内展示的本土有蹄类阵容堪称华丽。

这里的鹿，就至少（不排除有我没注意到的）有鬣鹿、赤麂、水鹿、花鹿、巴岛花鹿这五个种。其中，鬣鹿是一种仅分布在巽（xùn）他群岛上的鹿，因为岛屿分隔，亚种很多，泗水动物园至少养了爪哇鬣鹿和帝汶鬣鹿两个亚种；巴岛花鹿的巴岛不是巴厘岛，而是泗水北方的巴韦安岛，这种鹿野生个体只剩不到 500 头，是一种极危（CR）物种。泗水动物园的巴岛花鹿养殖得不错，近几年有其繁殖的相

躲在树丛间窥探的鹿

关报道。

除了鹿，这里还有巨大的爪哇野牛和矮小的低地倭水牛，这两个物种都是濒危（EN）物种。爪哇野牛肩高可达 1.6 米，体重能突破 800 公斤，和印度的亲戚白肢野牛一样，一身牛皮似乎包不住饱满的腱子肉，肌肉线条特别好看。

低地倭水牛肩高只有 0.9 米，体重不过 300 公斤，是全世界最小的水牛，它们生活在森林里，跑起来会抬头把角贴在脖子上，防止挂住。

在低地倭水牛的旁边，是一种和它差不多大的野猪：爪哇疣猪。这个种毛发很长，脸形、身体特别像非洲的疣猪，但关系其实和家猪更近。这也是一个濒危（EN）种。

低地倭水牛

对于这样的一个动物园来说，如此本土有蹄类的阵容，实在是异常华丽。这些动物的笼舍也并不算差，加上他们对长鼻猴、科莫多龙、长臂猿的重视，泗水动物园对本土物种可以说是非常关注了。

但当我在爪哇疣猪周围晃荡的时候，根本没有意识到这是本土原产的濒危特有种。在看低地倭水牛、各种鹿的时候，也花了点时间才觉察它们的特别之处。因为这里的科普标识牌实在是太差了。

很多本土动物相当稀有，它们的存在会吸引动物园爱好者的目光。但这些物种对一般游客来说，并不一定比狮子、斑马更有魅力。这就需要园方设计一些独特的展示，

爪哇野牛

或是更加引人注目的标识牌，来吸引一般游客的目光，来强化这方面的自然教育。

整体看下来，我觉得现在的泗水动物园称不上"全世界最差动物园"。这里的确有很差的地方，但也有不少亮点。更关键的是，在被称为"全世界最差动物园"之后，园方痛定思痛，做出了很多改进。一座不会进步的动物园，是没有希望的。这种进步，可以是改进笼舍这种硬件上的进步，也可以是软件提升带来的动物福利上的进步，钱多有钱多的办法，钱少有钱少的办法，如果不想办法，那就真没办法了。

与泗水动物园相比，某些死水一潭般的动物园倒更让人绝望。

03

HOW TO
VISIT THE ZOO

如何参观
动物园

你为什么会去动物园？**玩**，一定是最重要的原因。在快节奏的当代生活中，动物园像一个避难所，能让我们暂时忘记日常的各种烦恼，放松身心。娱乐也的确是现代动物园的重要功能，尽管我们逛动物园也是为了了解自然，尤其是带孩子逛的时候。但动物园不是一个拿着书本往人嘴里塞的地方，就算是教，也得寓教于乐，在动物园里感受到了乐趣，才会更容易从中学到知识，爱上自然。

但娱乐也有不一样的层次。很多人逛动物园，也只是把这里当成有动物的公园或者是游乐场，这样的娱乐当然没有问题。但其实，在动物园里有另外一种娱乐的方法，这种方法和动物的相关性更强，这就是我们动物园爱好者逛动物园的方法。

在这一章，我会以北京动物园为例，教大家如何像我们一样逛动物园，如何从走马观花，到认识物种，再到观察自然。

To Look at Different Animals

见识不一样的动物

逛动物园的第一重乐趣，是能在这个地方遇见全世界的神奇生灵。

如果你喜欢动物园，那么，一座动物园你可以去很多次。

在前往一个你从没去过的动物园之前，需要做一些功课，看一看各个动物园有什么重点。这时候，我们就需要看动物园的地图了。如今，你很容易就能在网上搜到各个动物园的地图。各个动物园也基本都会在地图上画重点：那些特别值得一看的动物，或者非常有特色的展区，一般都会在地图上标示出来，看完地图，大致上有什么动物就知道了。

在国内，动物园常会按动物来源的大洲分区。来自非洲的动物中，最常见的是狮子、长颈鹿、斑马和河马，这四种动物常被爱好者称为"非

洲四大件"*，然后再加上一些羚羊、鸵鸟，以及哪座动物园都有的环尾狐猴，就会构成一座动物园的非洲区。国内来自美洲的动物不太多，最常见的是美洲豹和松鼠猴，但近两年，二趾树懒也慢慢多了起来。来自大洋洲的动物中，最常见的是鸸（ér）鹋（miáo），其次是赤大袋鼠和赤颈袋鼠，在很多动物园里，你会看到白色的袋鼠，那绝大多数时候都是赤颈袋鼠的白化个体。而来自亚洲的动物中，最常见的就是猕猴、东北虎和亚洲黑熊，哪座动物园没有猴山、狮虎山和熊山？那么欧洲呢？欧洲的大型动物太少，最常出现在中国的是欧洲盘羊，一种角很大、身子赤褐色、腰上有一块大白斑的野羊。

北京动物园的小河马和它妈妈

---

* 非洲四大件还有另一种说法，是指非洲象、白犀牛、长颈鹿和河马，其中非洲象在中国动物园不算常见。

为啥这些动物都这么多？答案是：这些动物在人工环境下繁殖得很好。现代动物园对野生动物资源的依赖，已经越来越小了，因为大部分常见的动物园圈养的动物，都已经实现了人工繁殖，整个动物园圈子所维持的人工种群，已经能够实现大家的互通有无。前文里提到的世界动物园和水族馆协会（WAZA）就在推动会员们用互换来替代野捕和买卖。

另外，如今从野外捕获动物的代价越来越高了，一方面是法律法规的完善提高了野捕的门槛，另一方面是野捕的道德成本越来越高。动物园毕竟是一个带有保护目的的机构，如果它反过来要破坏野生动物资源，实在是一件非常吊诡的事情。所以，**我们也要呼吁动物园尽量不要从野外捕捉野生动物。**

除了这些常规的物种之外，各大动物园都会有一些自己的特色。就拿北京动物园来说，它是事实上的中国国家动物园。任何一个国家动物园都肩负着"向世界介绍本国，向国民介绍世界"的任务。北京动物园就曾下过大力气，收集过全中国的各种野生动物。这些动物就像是游戏中的珍贵卡牌，散落在动物园的各处。

北京动物园有好几个入口，如果你从西北门进，首先会来到鹿苑。这个展区非常"传统"，又位于离正门特别远的犄角旮旯里，经常会被游客忽视。但这个鹿区堪称是中国有蹄类大荟萃。

首先要说的是斑羚。绝大部分朋友肯定没见过斑羚，但肯定听过这个名字，《斑羚飞渡》嘛。斑羚有可能集群，但是绝对不可能出现小说当中那样老帮幼飞渡悬崖的利他行为。那个故事就是编的。

全世界的斑羚一共有四种，中国全都有。北京动物园（以下简称"北动"）目前展示有两种：中华斑羚和红斑羚。

无论哪种斑羚，都擅长在山间、峭壁上行动。你们看，下一页的图中就是中华斑羚，如果你去它的笼舍边蹲守一段时间，就有可能会看到它在笼舍边的水泥台上跳上跳下。你会发现，这个五短身材、看起来憨厚到呆萌的小家伙，其实非常矫健！这是它们的天性。如果这儿有个石头墙，它们肯定可以爬上去。

中华斑羚

坊间流传，北动的这只红斑羚是个串儿，是红斑羚和中华斑羚的杂交。不注重血统，是中国动物园的一大积病。不同亚种乃至物种在人为环境下一杂交，生下来的个体没有自然教育和物种保护的意义，这就违背了动物园的天职。不过，这不是那只动物的错。这只红斑羚还是萌萌的。

在野外，各种斑羚的生存现状都有变差的大趋势，但目前数量应该并不算太少，分布也比较广，像北京郊区的房山区就有中华斑羚。但是，这种动物在野外极难见到，能遇到那简直就是运气好上天了。为啥呢？它们爱在悬崖峭壁上活动，性格害羞怕人又低调，还有一身保护色。在野外，就算和它们相遇，常常也是你还没看到它们，

红斑羚

它们就溜走了。

但是北动的这两头斑羚，性格就没那么害羞了，中华斑羚还好一点，红斑羚看到人来会凑过去看——即使现在游客已经没法投喂了——简直跟个小狗狗一样。这是为啥呢？一方面，

一个希望。饲养中华斑羚的动物园也特别少，看起来难以为继。如果没有系统科学的迁地保护计划，我们也不应该去山里抓。所以，在这些仅剩的斑羚故去之后，就很难再看到了。趁它们还在，不妨多去看看。

中华斑羚种群难以维持，那有没有什么动物能够替代它们，展示类似的行为呢？也有，羊啊！

北动的鹿苑中有三种比较少见的羊：亚洲盘羊、北山羊和岩羊。展岩羊的动物园不算少，就说前两种吧。

以前频繁的投喂对它还是有影响；另一方面，被人养大的，大概就对人有了好感吧。

饲养红斑羚的动物园极少，全世界也就北京动物园展，在上海动物园的繁殖场里还有一个比较繁盛的红斑羚种群，这是

亚洲盘羊，是一种中国原产的野生羊，是绵羊的同属亲戚。这个物种有粗壮的盘曲的大角，看起来特别威武。

亚洲盘羊

北山羊

在中国的动物园里，盘羊不少，但基本都是外来的欧洲盘羊，我们自己的亚洲盘羊几乎消失不见了。我所知道的饲养亚洲盘羊的动物园，就只剩北京动物园、齐齐哈尔动物园和银川动物园了。其实，盘羊的繁殖没那么难，还不怎么怕人，它们的角和身材都比欧洲盘羊要大，看起来更加威武。如果能把现有的种群发扬光大，避免蓝孔雀替代绿孔雀的恶劣先例再次发生，那是个很好的事情。

北山羊就是一种山羊了。在中文里，绵羊、山羊不细分，其实它们都不是一类动物，在分类上，绵羊和山羊的关系，就相当于人和黑猩猩。

在我眼里，北山羊是中国最好看的羊，此处不接受反驳。

北山羊幼崽爬山

鹿苑的几种羊中，北山羊的地盘最大，环境最好，笼舍里有一座大假山。这个地方也值得蹲守一阵，去看看山羊是怎么爬山的。

说完羊，再来聊聊鹿。北动的鹿啊，那可真是种类繁多。大的有马鹿、麋鹿、白唇鹿，小的有狍子、小麂和黑麂，珍稀的有中国野外灭绝的豚鹿，真的是天南地北，应有尽有。

你看那对大角，如弯月一般，延伸到脑袋的后方，展现出性选择的威力。北山羊好斗，一到冬季的繁殖季节，就会用这一对大角顶来顶去。北动有好几头公北山羊，分在了好几个笼子养，但隔着笼子它们也会怼。

在中国，北山羊主要分布在西北地区，尤其在新疆。天山上的雪豹，主食就是北山羊。在新疆做雪豹监测、保护的荒野新疆团队曾经跟我说过一个好玩的事儿，他们有个模糊的感觉，觉得雪豹更偏好抓大角的公羊。为啥呢？角太重跑不快……

就说豚鹿吧，你说好好一个鹿，它怎么就和猪扯上关系了呢？这种鹿的口鼻部比较短，因为生活在热带的密林中角容易被挂住，因此走路的时候爱低着头走，这样看起来就很像猪，于是就有了豚鹿的名字。大家去北京动物园的时候，不妨好好观察一下它们是咋走路的。

低头走路的豚鹿

怎么样，鹿苑有这么多看点，下次去北动还会错过吗？

说完有蹄类，再说说猴儿。最近几年，不算环尾狐猴、松鼠猴，北京动物园的灵长类中有两个中国本土类群很繁盛：长臂猿和金丝猴。中国很多动物园都有长臂猿，且多为白颊长臂猿、黄颊长臂猿或白眉长臂猿，北动的长臂猿倒也不出此类。我们在这里重点讲一讲金丝猴。

全世界一共有五种金丝猴。越南金丝猴中国没有，怒江金丝猴 2010 年才发现，研究比较少，剩下的川金丝猴、滇金丝猴和黔金丝猴北京动物园都有，而且都在繁殖，这是个很了不起的事情。

黔金丝猴

尤其是黔金丝猴，只分布在贵州梵净山，只有 700 只左右，全世界的动物园中只有北京动物园有饲养，连贵州的动物园都没有。如果有合作，北京动物园的黔金丝猴饲养经验和数据，肯定可以给这个物种的保护带来帮助。

如何区分三种金丝猴？很容易。川金丝猴满身金毛，有个蓝脸；滇金丝猴毛发主要是灰色的，有莫西干发型，嘴唇是粉的；黔金丝猴有点儿介于二者之间，额头和两肩膀上的毛是金色的，身体黑褐色，脸也会发蓝，但又有粉嘴唇。

再说说鸟吧。北京动物园的雉鸡苑、水鸟区、鹦鹉馆里面有不少好看的鸟类，这些鸟类摆一起展示，大家也不容易错过。尤其是雉鸡苑，养的都是北动压箱底的宝贝，饲养的各种马鸡、鹇、角雉都是在国内外动物园中不那么常见的动物。

雉鸡之美，得来中国看。中国有现生雉科三分之一的种类，尤其是西南地区，是一个多样性热点中心。

而要在中国的动物园里观察神奇的雉鸡，北京动物园是最好的选择之一。1983 年，这里建成了全国少有的雉鸡苑。自那时起，这些五彩斑斓的鸡们就生活在动物园大门附近的显要位置，后来又和熊猫做了邻居。

如果选一种雉鸡代表中国，那必然是红腹锦鸡。这种鸡是中国的特有物种，它们的

红腹锦鸡

雄性有一身红色的主色调，脖子后面有一片虎斑，脑袋上长长的金毛看起来颇像美国总统特朗普的发型，而它们的雌性外表是褐色的，颜色黯淡很多。无论雌雄，红腹锦鸡都拥有长长的尾羽，奔跑的时候，这些尾羽挺得笔直，加上身材偏瘦、动作轻盈，它们跑步的动作像是《侏罗纪公园》里的迅猛龙

一样——如果你见过一群红腹锦鸡向你飞奔过来抢食物，肯定会有这样的感觉。

2001 年中国申办奥运会成功。之后曾出现过一次关于国鸟国兽的大讨论。国兽没什么可以讨论的，肯定是熊猫。但对国鸟产生了激烈的争论。当时，红腹锦鸡和丹顶鹤都是最热门的候选，但最后讨论了半天，结果啥也没选出来。争论太厉害了。我记得当时有这样的讨论：丹顶鹤和朱鹮不行，是学名里带"日本"；红腹锦鸡不行，是鸡的寓意不太好；猛禽不行，是咱们不欺负别人；小鸟不行，是咱们不能被人欺负……总之，就是没法选。后来争得太厉害，大家都看烦了。大约是在 2008 年的时候，天涯网友搞了个选国鸟的投票，结果最后麻雀竟以 35.8% 的支持率荣居榜首。也挺好的。

白腹锦鸡

锦鸡一共有两种：红腹锦鸡和白腹锦鸡。白腹锦鸡的配色完全不一样，大体上是冷色调。但仔细看，除了尾巴都很长之外，两种锦鸡还有一些相似的特征：雄性的脑袋上有一撮特别艳的朝后长的长毛羽冠，后颈、颈侧直至肩部，乃至上背有一片呈覆瓦状排列的羽毛，形成了一件甲叶披肩。北京动物园有一只白腹锦鸡的雄性个体的披肩长得特别大，从侧面看几乎挡住了嘴巴，异常地好看。

大概正是因为太好看，这些锦鸡尤其是红腹锦鸡成为了中国动物园中最常见的鸡（至少是之一）。从自然分布上来讲，中国最常见的雉鸡是环颈雉，但环颈雉反而在动物园里少见一些。但少见归少见，环颈雉有另外一层乐趣：这种鸟的亚种特别多，加上相当数量的人工品种，外形差别很大。如果你像我这样全国跑，会发现国内动物园里的环颈雉几乎是一个地区一个样，非常神奇。

暗腹雪鸡

如果你不只想看好看的，还想看稀有的，那么北京动物园的雉鸡苑更是能够满足你。暗腹雪鸡就是动物园里极稀有的种类。这个物种生活在中国西藏、西北地区到中亚的高山当中，它们的身体比红腹锦鸡的身体粗壮很多。浑身是低调的灰褐色，粗看很像大号的石鸡。它们的雌雄不像红腹锦鸡那样差异那么大，但也能一眼看出不同。除了个头更大之外，雄性暗腹雪鸡的眼睛后面有一条柠檬黄的裸皮，这仿佛是点睛之笔，让整只鸡都鲜活了起来；雌性也有这样的特征，但是远没有雄性那么显眼，黄色裸皮要窄得多。

目前，北京动物园有两处场馆饲养有暗腹雪鸡：一处是火烈鸟附近的新雉鸡苑，一处是熊猫馆。就是因为养得到处都是，微博上有位朋友以为它不是什么稀奇的动物。其实，全中国的动物园里好像就只有北京动物园养着暗腹雪鸡，出了北京就得去野外看。稀少不稀少，千万别拿北京动物园当标准。

暗腹雪鸡的生活环境

动物稀有，如果养得不好，那就失去了展示的意义。北京动物园新修的这个新雉鸡苑，环境要比之前的老雉鸡苑好不少。这个新展区，观察面是用密集的细网做成的，尽管对我们这些摄影师来说不太友好，细软网却对鸟类有这样几个好处：一是透风，不憋气；二是鸟类对玻璃没有概念，容易撞，细网就没有这个问题；三是网眼小，挡得住老鼠和黄鼠狼，也拦得住投喂。

如果只论笼舍的大小，新老雉鸡苑差别不大，但新雉鸡苑的环境普遍要丰富得多，爬架、水池、植物都是基本配置。最有意思的是笼舍之间的隔断，被做成了锯齿形，这样一凹一凸的墙面，搭配上沿着边种的植物，可以给怕羞的雉鸡们一些遮蔽的地方，这样它们反而更愿意跑到外舍中来，而游客呢，只要换一换角度，就能看到它们。

新雉鸡苑外舍的上方是透光的，基本没有遮挡。这在冬天特别好，有点阳光就能灿烂。但在夏天可能就不太好了，阳光太大，会热呀。如果能有可伸缩的遮挡，或是夏天往顶棚上种点丝瓜什么的，那就更好了。

暗腹雪鸡

蓝鹇

除了暗腹雪鸡之外，北京动物园还拥有蓝鹇。这是一种台湾地区特有鸟类，在大陆，只有北京、上海等少数几个城市的动物园有养。就在大陆争论国鸟的时候，台湾地区选过一次代表鸟类，蓝鹇是入选的四种鸟类之一，但最终和帝雉、黄山雀一起，败给了台湾蓝鹊。

蓝鹇是白鹇的亲戚。鹇这类鸡，雄性的脸上都有或红或蓝的大块裸皮。这个结构有时候长得还很大，看起来就像是古代武士的战盔覆面。蓝鹇的"战盔"是红色的，非常威武。

没有阳光的时候，蓝鹇的身体是发黑的深蓝色。一旦有了阳光，金属光泽就出来了，熠熠生辉，简直就是五彩斑斓的黑，非常炫酷。如果你有兴趣，不妨带个小望远镜好好去看看它们的羽毛。

北京动物园还有一类非常好看的鸡，是马鸡。全世界一共有四种马鸡：白马鸡、褐马鸡、蓝马鸡、藏马鸡。它们主要分布在中国，北京动物园竟然全都有。马鸡可能起源于黄河以南的区域，因为气候的变化，逐渐变成了适应寒冷的高原物种。

如果世界是黑白的，那么四种马鸡看起来外形的差异就不是很大。北京动物园集全了马鸡，有机会可以挨个比一比外貌上的差异。

北京动物园新旧雉鸡苑的鸡们加起来，不止这些种。但如果查阅一下历史记录，会发现他们曾经养过更多的雉鸡，例如，北动曾经有纯种的绿孔雀（现在的那只是个串儿），有大眼斑雉（也被称为青鸾）、棕尾火背鹇、虹雉、黑鹇等鸟类，这些物

北动的马鸡有点害羞没拍到，拿石家庄动物园的褐马鸡凑个数

种现在都没有了。从场馆上看，可能会取代雉鸡苑的新雉鸡苑规模上也要小得多，这确实可惜。但我觉得，只要养得精、养得好，能够展示更多的自然行为，比单纯养得多要更有价值。

除了雉鸡苑，别的地方还有好看的鸟。在熊猫馆里有大鸨的展区，大鸨是全世界最重的飞鸟之一。如果你最近去看，会看到熊猫馆里的那只大鸨长出了长长的"胡子"。这是只雄性，那"胡子"是它的繁殖羽。

在中文里，我们常会称开妓院的人为"老鸨"，这是怎么扯上关系的？曾有专家认为，中国古人不认识大鸨的雄性，认为这种鸟只有雌性，要延续后代，需要和别的鸟交配，因此"性喜淫"，于

大鸨

是人们创造了"老鸨"这个词。但有一位饲养过大鸨的饲养员考证了这个问题：宋元俗字中，常会把"娘"这个字简写为"奻"，渐渐地越用越省，仅剩一个"卜"字，最终又影响了口语，称中老年妇女为"卜儿"——这个称呼在元杂剧中特别常见。然后，"卜儿"又慢慢变成了"鸨儿"，这才和老鸨产生了关系。而那些"性喜淫"的大鸨传说，很可能是有了"老鸨"这个称呼之后，为了解释这个词的合理性而编出来的。

北动的美洲动物区，有一种和鸵鸟长得特别像的鸟，那是美洲鸵。国内是个动物园就会有非洲的鸵鸟，但饲养美洲鸵的屈指可数。为啥？美洲鸵长得太像鸵鸟了，个头还小一截，游客看不出好来。其实，仔细看看美洲鸵，它们还是很好看的，有一种鸵鸟没有的秀气。

美洲鸵

除了北动，上海动物园、长隆野生动物世界也有美洲鸵，其
余也没有几家在养。北动的这几只美洲鸵年纪也不小了，它
们走了之后，大概只能在那两家动物园看到这种大鸟了。

除了这些难得一见的物种，各家动物园里都会有一些满身故
事的动物。在北动，就有一只叫"古古"的熊猫，是一个传奇。

古古，人称"古大爷"，出生于 1999 年，以战斗力彪悍、善
于袭击入侵者著称。以前北动熊猫馆的参观护栏没有现在这
么高，出过几次人往熊猫运动场里跳的事情。你们说巧不巧，
这些往里翻的人，几乎每一次遇到的都是古古：2006 年 9 月
19 日，一名男子跳入运动场想与古古握手，被古古咬伤右小

腿；2007 年 10 月 22 日，一个拾荒少年翻越护栏进入运动场欲与古古亲近，被古古咬伤双腿；2009 年 1 月 7 日，一名男子跳入运动场捡玩具，被古古咬伤；2012 年 5 月 18 日，一名男子跳入运动场想近距离拍照熊猫，被古古咬伤。最逗的是 2009 年那次，据说，该男子听到熊猫跑来，吓得准备跑，结果上面的人喊了句："熊猫不咬人。"他就不跑了！

必须得说，"古大爷"日常平易近人，性格特别好，是北动行为训练做得最好的熊猫（好像没有之一）。它靠谱到什么程度呢？前两年特朗普他媳妇儿来北京，北动就派出了古古接待，完美完成任务。但熊猫毕竟是熊，一遇到入侵者，就变成了保安队长。而且还都没下死嘴，只伤人，没杀人。

这些稀罕的动物，是北动作为国家动物园的底蕴，也是上一个时代留下来的遗产。曾几何时，我们的动物园更像是一个收藏癖，甭管养得好不好，种类多就算好。时至今日，一个动物园里的动物种类多不多，依旧会影响我们对它的观感。但是，另一个因素对观感的影响变得越来越重要。

那就是自然行为。

古古

To Observe Natural Behavior

自然行为观察

第一次去一座动物园，可以走马观花式地把它大致逛个一遍。逛完之后，这里有什么你就有底了。之后，你可以去仔细观察观察你喜欢的动物。观察什么呢？自然行为。观察这个，那就需要多去动物园了。

所谓自然行为，是野生动物在自然环境中，天然会展示出来的诸多行为。它们会进食，会打闹，会运动，会恋爱。观察这样的行为，远比了解动物长什么样要有意思得多。观察它们的自然行为，会让你更加了解这些动物。

北京动物园的印度犀

北京动物园的犀牛河马馆中，生活着两种犀牛：一种是白犀牛，这是中国绝大多数动物园中饲养的犀牛，相对来说比较常见；另一种是印度犀，或者叫大独角犀，它们的鼻子上只有一根角，这和有两根角的白犀牛不太一样。

除了角之外，印度犀还有一个特别明显的特点，就是它们的一身"甲胄"。印度犀的皮非常厚，身体各个部分的厚皮像板甲一样贴合在身上，在肩膀后、大腿前各有一条褶皱分区。这些厚皮上，有很多圆疙瘩。这些突起是干啥的？

尼泊尔奇特旺国家公园里的印度犀，它在水塘中吃草时，我们躲在树丛中看它

有一种理论认为，相比白犀牛，印度犀在种内争斗时更喜欢用牙咬，而不仅仅是用角来顶。印度犀咬得特别狠，为了防御进攻，它们演化出了重甲上的突起。

如果能观察到印度犀的撕咬，你就能理解这些圆疙瘩的作用了。这样的行为在野外有可能看到，但在动物园里是应当避免的。不过，有另一种行为能够看到。

我曾去过尼泊尔的奇特旺国家公园。这个公园以印度犀的保护闻名于世。有一天，导游带我们去森林里徒步。他把我们带到了一个大水塘旁边，然后示意我们蹲下。透过树丛，我看到一头印度犀在水塘中游泳，游得怡然自得。它用自己的大角挑起水塘中的水草，然后再用灵活的嘴唇拽到嘴里吃掉。

和白犀牛相比，印度犀的

印度特里凡得琅动物园中的印度犀展区

园的独角犀生活的环境和白犀牛差不多，没有印度人那样的针对性。

这样基于动物自然行为的展示，在物种层面上，能让我们更深刻地了解动物的身体结构，有更直观的认识；而在环境层面上，能让我们知道这样的动物应该生活在什么样的环境中，它周围的生态是什么样子的。

动物园是一种已有几百年历史的存在。它诞生于大航海时代人类的收藏癖，也曾成为帝国彰显疆域广阔的勋章，贵族、富豪体现实力的玩物。但现在，动物园则成为了城市居民亲近自然的通道，动物园也理应让游客感受到大自然。要实现这个目的，自

习性更像河马，它们特别喜欢在大水池里游泳。丰美的水草柔嫩多汁好消化，水中的清凉能抵抗南亚的炎热，还能躲避扰"人"的蚊虫。动物园也应当满足这样的需求。我去过印度的一些动物园，印度的动物学家和动物园人对印度犀的习性特别熟悉，他们一般都会给印度犀的展区配上大水池，甚至是水很深的烂泥潭。于是，我们便能在印度的动物园里见到印度犀游泳的样子。可惜的是，北京动物

然行为的展示不可或缺。

而要让动物展示出自然行为，动物园必须给动物创造出合适的环境。要知道，一个什么都没有的水泥钢筋笼，是绝对无法让动物展示出丰富的自然行为的。

什么样的环境对动物来说是合适的？我们要参考动物在自然中的生活和它们的行为：猴子喜欢攀爬，就不能只给它们设置地面活动区；扬子鳄喜欢在泥巴里面打洞，那一个拿水泥硬化了底部的水塘就不合适；鹦鹉喜欢洗澡，那么笼舍里应该加装喷淋头和沙浴池……并且，天然的环境充满变化，好的动物园也应该引入变化。有句话是这样说的：一成不变的丰富，等于不丰富。

北京动物园中，就有一个环境颇为丰富的展区，那就是美洲动物区。

顾名思义，美洲动物区里养的都是美洲动物。展区内最大的明星，是树懒。在《疯狂动物城》上映之后，动作神速爱飙车的树懒"闪电"火了，国内动物园里树懒骤然多了起来。但动画里的树懒是三趾树懒（虽然实际上画了四个手指），国内动物园养的都是二趾树懒，最显著的差异就是前爪，一个是三根爪子，一个是两根。

北京动物园的树懒是全国养得最好的。请看它们生活的区

树懒

域：这个展区不大，但有非常复杂的爬架，爬架坡度也比较小，适合树懒上爬、倒挂。在展区的各处，有植物等遮蔽物阻隔，使得里面的动物不至于被 360 度环视，这样它们的生活压力会比较小。

生活在这样的环境中，北京动物园的树懒成功繁殖了。这是饲养员杨毅的功劳。在他之前，国内的动物园中从未有树懒成功繁殖过，因此这种动物在繁殖期的饲料该怎么配，如何保证安全，分娩时有什么注意事项，没有人知道。那怎么办呢？杨毅自费跑了趟新加坡，厚着脸皮和新加坡动物园的树懒饲养员混熟了，耍着赖硬让对方教自己。有这样的饲养员，动物怎么会养不好呢？

树懒的展区中并不只有树懒，还混养着低地斑刺豚鼠、刺猬、绿鬣蜥、牛蛙。展区的上层空间，那些爬架属于喜欢攀爬的树懒和绿鬣蜥，下层空间属于热爱奔跑的低地斑刺豚鼠。白天的时候，你可以看到树懒和绿鬣蜥爬来爬去取食，牛蛙有时也会抓虫子吃；等天色一暗，刺豚鼠会从树洞里面出来，四处奔跑，如果运气好，也能看到刺猬抓虫吃。这些虫子是哪儿来的？展区的地面，其实是水泥地面，但上面铺了一层有机的垫层，故意往里放的一些昆虫生活在其中，会分解掉其他动物的食物碎屑或是粪便。

牛蛙和环境

这些动物的状态都不错。举个例子，怎么看鬣蜥的状态好不好呢？看背上的棘刺全不全，是不是都立了起来。对于鬣蜥来说，棘刺是个很容易观察的部件，但是如果身体状态不好，它们就没有多余的能量去打理棘刺，棘刺长得也不会好。

这样的饲养方式叫混养，也就是把一些能够生活在同一空间里、不会互相伤害的动物养在一起。这些动物可以生活在同一个展区不同的环境中，有时会有互动，会让整体的展示更丰满，更有完整生态的感觉。

树懒笼舍的隔壁还生活着两只水豚。水豚是全世界最大的现生啮齿动物，脾气特别好，喜欢水。你别看这个展区很小（截至本书出版时，北动的水豚拥有了一座更大的展区），但要水池有水池，也有干燥的地面，还存在能让水豚躲避的树洞，和把食物吊起来喂食的网笼。这便是给动物的"丰容"。

丰容是基于动物行为及其自然习性改善圈养动物生活环境和条件的动态过程。说白了，就是用一切的方法，让动物生活得更舒服，自然行为更加丰富。想要观察动物的自然行为，丰容做得好是一个保证。

做丰容有很多方法。北京动物园内有很多很好的丰容案例。例如，曾写过《图解动物园设计》《动物园野生动物行为管理》的张恩权老师，设计过一种"大象痒痒挠"。

低地斑刺豚鼠

痒，是很多动物都会感受到的一种不适的感觉，如果能挠挠，那可非常过瘾。我们人类痒了，能拿手挠挠，那大象痒痒了怎么办？在野外，大象喜欢在树上蹭痒痒，那在动物园里呢？

这问题可就来了。在野外，树多，大象今天蹭这一棵，明天蹭那一棵，就算蹭坏了还有新的树。但在动物园里就不行了，活动的范围就那么大，树长得又慢，蹭死了就没有玩的了。如果是往地里栽上一根水泥柱子，这玩意的触感跟真实的树木可就差远了，大象蹭得不爽。于是，张老师设计了一种新式的木柱痒痒挠：先挖一个坑，用砖头、水泥、钢筋在坑中固定一串大轮胎，然后，把一根树干插进这些轮胎中固定好。这就变成了一个可以动的树干，大象蹭上去，树干会像真树一样摇晃，这可就舒服多了。这根树干一旦用坏了，就可以扔掉换根新的，这可比种真树快多了，又比水泥柱子效果好。做好之后，大象果然很喜欢。

可以说，动物的自然行为展示，是和动物的福利挂钩的。动物福利越好，动物越可能展示出自然行为。动物福利的好坏，不关乎动物的罕有或常见。不论什么动物，养好了都好看。

只有没养好的动物，没有不好看的动物。不信我们来看看北京动物园的熊。

Power of Concern

关注的力量

公众的关注，是动物园进步的唯一动力。

北京动物园的熊山里生活着亚洲黑熊和棕熊。亚洲黑熊有两只，它们性格开朗，特别喜欢打来打去玩儿。它们的笼舍里有一个爬架，有一人多高，这两头黑熊可以把前肢钩在爬架上，稍微一蹦，前肢一用力，就把自己挂到爬架上方去，别提有多灵活了。展区中还有小水池，夏天能看它们下水游泳。在白天，很多动物都不太活跃，尤其是在中午。但黑熊常常不会，玩起来没个停，很有意思。

更有意思的是棕熊。有意思在哪儿呢？可不仅仅在取食或是玩闹的时候，北京动物园的棕熊有一大看点：冬眠。

我们都知道，熊在冬天会冬眠。其实这种属性只在北方的熊身上有，南方冬天暖和，森林里不缺食物，就没有必要冬眠。并且按照旧的定义来，棕熊那不叫冬眠（hibernation），而叫冬休（winter rest），是一种体温不会大幅降低、常常会醒来、不吃不喝的半梦半醒状态。

北京动物园的棕熊就会冬眠。园方给棕熊提供了一个很粗的水泥管道，还往笼舍里堆了一些枯树枝和落叶。冬天天冷了以后，棕熊就开始收拾了。它会四处拢落叶、干草，往水泥管里面放。然后找来枯树枝，堆在管子门口，方便自己躲进去之后把门给堵上。然后，它的冬眠就开始了。

2018 年的这个冬天，北京动物园改了一下这个粗水泥管的摆放位置，把开口指向了一处一般游客不太会去的玻璃幕墙的方向。如果你知道这个位置，就可以过去观察棕熊的冬眠。这个冬天，这头棕熊胆子大了很多，变得有些没羞没臊了。它知道没有人会打扰它的冬眠，于是都没怎么堵门。我们直接就能看到那张睡意蒙眬的大脸。刚才说了，棕熊的冬眠并不是很稳定，常常会醒来。因此，只要你观察得足够久，足够有耐心，再加上一点点的运气，会看到冬眠的棕熊突然抬个头，一脸树叶渣渣地看着你，然后挠挠头继续睡去。

熊的冬眠，是一种大家都知道但没有见过的自然行为。在国内，我只知道有两家动物园的熊会冬眠，一个是北京动物园，一个是西宁动物园。即使是北京动物园，也是这两三年才出现的。这是为什么呢？场馆设计得不合理。

北京动物园的旧熊山与其叫熊山，不如叫熊坑。这种展区，你一定在身边的动物园里见过：它就像古罗马的斗兽场一样，游客站在高于动物生活区域的位置，俯视坑里的动物。中国动物园的坑式展区，承继自苏联的旧式动物园，至今仍旧常见于中国，常用于狮、虎、熊、猴的展示。这是一种典型的集邮式展示方式。观看这种展区，游客会有一种万物之灵长的错觉，除了里面的动物长啥样，很难获取别的信息。

棕熊冬眠

在动物园中，有一些和自然行为相对的不良行为。其中最不好的有两种：一种叫刻板行为，一种就是乞食行为。

刻板行为的出现简单讲就是动物被养得实在太差，它太无聊了，所以不停地重复某一行为，比如不停摇头或不停来回走动，以此来发泄它无聊的状态。这种状态对动物来说极为不好。有时这种现象也会发生在人身上，比如有的时候家里没人，把小孩一个人关在家里，小孩可能就会不停玩手、抠自己，因为孩子没别的事可以做。

乞食行为是动物在人的投喂影响下，一心只想向人类要食物的一种行为。常常表现为动物啥都不干，就站在展区靠近人的位置，眼巴巴地看着人类要食物。动物园里的动物不应该被投喂，很多游客害怕动物吃不饱，所以天然地想投食，但实际上动物们每天吃多少，都是有科学的配比的。游客多喂，反而容易把动物给喂坏。这样的事故，在全国各地都出现过很多次。

一旦出现这两种行为，你就别想看到自然行为。尤其是乞食，一旦出现，再好的笼舍、再多的丰容，都拦不住动物去要吃的，我们想观察它们自己玩都看不到。

而在坑式展示中，无论是刻板行为还是乞食行为都特别容易出现。刻板行为的出现是一个副产品，因为很多熊坑、狮虎坑和猴坑的丰容都做得不太好，动物实在是无事可做。而乞食行为则是坑式展示的直接产物，人高高在上，没有什么阻拦，肯定会出现投喂。而像熊这样自控力为零的动物，看到人投喂就会乞食，甚至学会作揖、转圈这种"花活"。

说到投喂，北京动物园那是要面对特别多充满想象力的低素质游客。近些年来，动物园针对投喂有了更多的防备。于是，这些游客动起了脑筋，开始喂一些奇怪东西。例如，生挂面。

这玩意便宜，还又细又长，很容易从缝隙中怼进笼子里面。

在游客投喂和馆舍陈旧、单调的双重打击下，当年北京动物园的熊，那状态可叫一个差。人一靠近，它们就开始作揖。想看熊的自然行为？没门儿。

大约在 2013 年的时候，出了一个事儿，改变了这种状况。微博名为"北京动物园爱好者"的朋友，每天发一条微博，坚持了一年，持续地督促北京动物园改善熊山的环境，数度在微博上引起很大的反响。2014 年，北京动物园的熊山开始改造，成了现在的新式展区。这个展区改俯视为平视，用玻璃幕墙隔开了人和熊，内部还设置了不少丰容设施。于是乎，熊的冬眠才会出现。

这件事体现的是关注的力量。类似的事情在北京动物园，在中国的好多动物园中都屡次发生。

北京动物园的张恩权老师一直在说一句话：**公众的关注，是动物园前进的唯一动力。**

目前，中国的动物园正处于转型期，正在从老旧的收集癖转型为新式的基于保护教育的现代动物园，提升动物福利也成为了整个圈子都认同的理念，尽管未必都能实现。无论国内外，公众的关注都能够推动或是迫使动物园发展和转型，尤其是在这个关键的转型时期，公众对动物园的关注，更是一种不可忽视的力量。

所以，大家不妨多去逛一逛身边的动物园，看一看里面有哪些好的、哪些不好的，都说出来，和网友们交流。同时，我们也要提升自身的知识水平，这样提出来的建议才能更好地推动动物园前进。

Return to Nature

重回自然

动物园是一个阶梯，帮助我们体会自然的美好，但动物园并不是自然。如果有能力、有机会去接触真正的大自然，你会找到更多的乐趣，有更深的体会，反过来，也会更新你对动物园的理解。

北京动物园的大斑啄木鸟

真正的大自然并不远，在动物园里就能找到。就拿北京动物园来说，园内就有不少真正的野生动物，尤其是野鸟。在暖和一些的季节，如果你运气好、眼睛灵，有可能在动物园里遇到啄木鸟和翠鸟，看到它们在树上打洞或是下水抓鱼，那画面，可真是美极了。

乌鸦欺负黑麂

更容易看到的是漫天的乌鸦。北动是北京市乌鸦的一个大的聚集地, 在冬天, 它们会聚成大群, 夜里在动物园中休息。到了白天, 它们会四散开来, 到郊区去觅食。但还是有一批乌鸦不会去郊外, 而是留在园里找吃的。那些喜欢在园里待着的乌鸦, 会彰显"流氓"本色, 和别的动物抢吃的, 甚至单纯为了好玩, "调戏"别的动物。我就经常在北动里看到乌鸦调戏各种鹿。

在北京动物园中, 还有一种特别难观察到的野生动物自然行为: 鸳鸯的育幼。北京动物园内有大面积的水域, 饲养员还会撒食, 因此会吸引来很多野鸟, 包括野生的鸳鸯。和很多人的印象不太一样的是, 鸳鸯是一种树鸭, 它们会在高高的树洞里筑巢, 把蛋产在树上。当小鸭子孵化出来

长大到一定程度的时候，亲鸟会带着它们往下跳。这个行为，我在北京动物园都没有看到过，只听人说过。

在南方，动物园里容易出现更多的野生动物。比方说，武汉动物园里有黄鼠狼。上一个鸡年的大年初一，我到武汉动物园里转了一圈。没想到，在鸟区看到了一只黄鼠狼，它噌噌噌地跑到了孔雀笼子旁边，馋涎欲滴地看了半天。看什么看，孔雀也是一种鸡啊！

再往南，尤其是到了热带，动物园里的野生动物就更多了，尤其是两栖类、爬行类以及各种虫子。有一次，我在马来西亚亚庇市的洛高宜野生动物园玩，突然瞟到下水道里出现了一个绿色的影子。定睛一看，那是一只绿树蜥，正咬

绿树蜥口中叼着一只巨人弓背蚁

着一只大虫子。于是我赶紧拍了下来,把照片往网上一发,好家伙,有网友回复我说,绿树蜥口中咬着的大虫子,是一只巨人弓背蚁的繁殖蚁,是世界上最大的蚂蚁之一。在国际宠物市场上,这只繁殖蚁能卖到几十美元。

另一次,我在缅甸的仰光动物园里拍到了一只天蓝色的蜥蜴,这是一只白唇树蜥,分布于东南亚,我国云南靠南的地方和另一个你肯定想不到的地方也有一点。那个你想不到的地方在哪儿呢?在香港。更具体一点,是香港的迪士尼公园。这些蜥蜴是跟着从东南亚引入的名贵树木进的迪士尼公园,已经归化成园内的物种了。

真正的自然界真的没有那么远。

想在动物园里观察野生动物，除了需要我们仔细、耐心地观察和克制的行为，也需要一些动物园的努力。动物园需要生态更加友好，张开双臂欢迎这些小动物，也需要做一些引导，告诉游客它们的存在。

如果你想去一些更"野"的地方，可以考虑一些国内没那么"野"的保护区，这些保护区往往有针对一般游客的展示区，也会有一些针对更好学的游客的志愿者项目。例如云南的白马雪山滇金丝猴保护区和陕西的佛坪大熊猫自然保护区，都挺适合一般游客去逛逛。这两个保护区都利用食物招引了一批金丝猴，严格来

野生的白唇树蜥

讲，这么做不那么科学，也会影响动物的行为，但这些猴子的状态还是比动物园里的更野，能够看到更丰富的行为。另外，白马雪山滇金丝猴保护区还借助这一批招引来的猴子，做了更多的研究。所以去参观参观还是不错的。

白马雪山的老猴王"断手"，它右臂已断，但战斗力极强，在地面上没有哪只猴子是它的对手。
2018 年 4 月 23 日，断手薨于战斗。

更深入的体验，可以通过参加一些付费的博物旅行团来获得。这些旅行团会带着游客更深入地了解野生动物，也是一种不错的体验。但需要注意的是，有些旅行团不太靠谱，一定要注意甄别，多上网看看大家的评价，或是问一问圈内人。

如果你真的很热爱自然，那么还有一种更好的体验方式：参与一些野生动物保护相关的志愿者活动。目前，国内有一批奋斗在一线的野生动物保护 NGO，例如桃花源生态保护基金会、山水自然保护中心、野性中国、CFCA 猫科动物保护联盟、荒野新疆、云山保护等许多组织，他们常年招收志愿者，有短期或者长期的保护工作可以参与。

自然是我们的老师。无论是在动物园，还是在真正的自然界中，都是如此。

小贴士 1:

去动物园逛应该带什么？

逛动物园，最重要的是观察。大多数动物园提供了让人近距离观察动物的条件，但是，有时候很多动物还是隔得很远。因此，大家逛动物园的时候，最好是带上望远镜或者是长焦镜头，这样远处的东西才能看得真切。

小贴士 2:

喜欢的动物园，至少要逛两遍。

第一遍：不妨走马观花，看清楚动物园里有什么，找到你喜欢的动物和展区。

第二遍：好好观察你喜欢的动物和展区，多观察自然行为。

小贴士 3:

想更加了解动物园，你还可以阅读：

《如何展示一只牛蛙？》

《致力于物种保护：世界动物园和水族馆物种保护策略》

《图解动物园设计》（张恩权、李晓阳 著）

《动物园野生动物行为管理》（张恩权、李晓阳、古远 著）

04

VISIT TO CHINESE ZOOS

中国动物园巡礼

2018 年 8 月 27 日，我开始了中国动物园之旅。之后的 4 个月里，我走过了全中国 41 个城市，写了 56 个动物园，港澳台、西藏、新疆一个不落。唯一的遗憾，是太原动物园闭园改造，这就缺了一个省份。

这趟行程了却了我多年的心愿。对于我来说，这首先是个玩，是爱好。另外，我希望我的行动能够让更多中国人关注我们的动物园，了解动物园，进而爱上动物园。

跑遍全国，我感觉到中国绝大多数大城市的动物园都在变好。这是中国动物园行业的一个关键转型期，在这个时期，公众力量是强大的。我们在动物园里遇到什么好的或者不好的，都应该说出来。好的地方，表扬会给园方动力；不好的地方，会形成迫使园方改进的压力。这就是关注的力量。

我希望我的行动，能够让你也开始关注动物园。在本书当中，我会更多地阐释各地动物园好的地方。我相信，大家看多了好的，也可以看出什么地方不好。当大家都能够用同情、理性、热爱的目光审视时，我相信，中国的动物园肯定能再上几层楼。

我还要再次重复真大雨老师这句话：
公众的关注，
是动物园前进的唯一动力。

我相信这种动力。

Hong Kong, Macau and Taiwan

港澳台的动物园

在我 4 个月的动物园之旅中，要说哪个地方逛得最舒心，那必然是香港、澳门和台北的动物园。这三座城市是中国最早接受国际动物园界先进思想和方法的地方，加上富裕得早，动物园的发展在国内领先其他动物园一大截。如果你看惯了国内一般的动物园，来这三个地方看动物会有耳目一新的感觉。

对于动物园爱好者来说，这些有国际先进水平的动物园会改变你对动物园的刻板印象，会让你发现的确有动物园可以给动物尊严，同时又给游客带来快乐。

对于动物园来说，这些优秀的同行是一个范本。要知道，处于领先水平的广州长隆野生动物世界，就模仿过新加坡动物园。那些模仿长隆的新派野生动物园，完全也可以参考新加坡的经验。而公益色彩浓厚的公立动物园，不妨多考察考察台北市立动物园，看看他们是怎么做的。

马来貘

台北市立动物园

台北市立动物园是全中国最好的动物园，没有之一。

按照分布地理和类群，台北动物园的动物被划入亚洲热带雨林区、非洲区、澳洲区、温带动物区、鸟园等若干个展区。这些展区中，和热带沾边的几个最好看，毕竟台湾是个居于亚热带的地区。

亚洲热带雨林区中，最好看的一个展区莫过于马来貘的混养

笼舍。这片区域被流水环绕，中间有片小林地，混养有马来貘、黄麂、白掌长臂猿。貘这类动物，长得像长鼻子的猪，但行为更像是不凶的瘦河马，喜欢水陆两栖。所以在混养笼舍中，貘和龟一样，喜欢待在水边

或水里。而害羞的黄麂躲在林子里，长臂猿待在树上。

想象一下，在一个露珠闪烁着阳光的清晨，黑白的马来貘躺在流水旁，龟卧在岸上晒太阳，黄麂在树林间跳跃，长臂猿在树上歌唱。这会是一幅什么样的画面？在台北动物园，这样的场景肯定会出现。

其实，如果肯花钱，这个展区还可以变得更华丽一些。如果展区的水池挖得再深一点，其中的一面装上玻璃，让人可以在另一侧观察，就能看到马来貘游泳了。马来貘游泳的动作和河马非常像，也是在水底跑步，而不是真正的游泳。但大概因为瘦，貘会更矫健。

白掌长臂猿

台北动物园的河马与倭河马就是这样展示的。小巧的倭河马拥有较为秀气的笼舍，水池中养了一大群鱼。有彩色的鱼和倭河马伴游，这小家伙看着更可爱了。在自然环境中，两种河马生活的环境里常常会有鱼。这些鱼能吃河马便便，可以起到净化水质的作用。当然，如果河马密度太大，粪便太多，腐败消耗了太多水中氧气，那鱼就惨了。

在河马笼舍的周围，还展有一系列的非洲动物，狮子、斑马、非洲象、长颈鹿自不必说，这里还有一些国内其他不太常见的物种。

倭河马

伊兰羚羊

例如伊兰羚羊。"伊兰"是荷兰语里"驼鹿"的意思，荷兰人第一次在非洲看到这么大的羚羊，首先想到的就是欧洲的驼鹿，于是起了这么个名字。因为体形大，伊兰羚羊也叫巨羚。又因为个大还集群，很少有食肉动物敢于挑战它们。这种动物的体形雄大雌小，但无论哪个性别，都有着漂亮的眼线，斜眼一瞄异常邪魅猖狂。

另一边的白犀牛，拥有一大片泥沼地。我去的时候，台北下了一整夜暴雨，泥地变成了泥潭。三头白犀牛或躺或卧或立，在泥潭当中怡然自得。犀牛这样的厚皮动物，皮肤上常有深深的褶皱，里面常常会藏有寄生虫。在泥里打滚，

滚泥潭的白犀牛

能解决掉寄生虫，让它们更加舒适。

非洲动物区还展有斑鬣狗、数种狐猴、狒狒、黑猩猩、大猩猩等动物。这些动物都有浓厚的非洲特色，把它们聚集在一起，加强了一种明确的异域感，能让游客对非洲生态了解得更加全面。台北动物园的澳洲动物区、温带动物区、亚洲雨林展区也有类似的格局。

再说说鸟园。台北动物园的鸟园，会让人感受到人与自然的关系可以是如此和谐。

台北动物园的鸟园中，我最喜欢的鸟是台湾拟啄木。其他的鸟我还都不太稀罕，就这个台湾拟啄木，别的动物园很少见（但在台湾的野外不罕见）。

这是一种台湾特有鸟类。叫拟啄木，是因为它不是啄木鸟科的动物，不是真正的啄木鸟，但依旧会啄木头。它也叫五色鸟——哪五色，你们数着试试……

下图是台湾拟啄木正在啄木，相比真正的啄木鸟，它的效率要低得多。

这座鸟园是一个巨大的混养鸟笼。这种鸟笼很像大陆的老式鸟语林，都是一个大罩子扣着，里面养着很多种鸟。但其实并不是一回事。台北动物园这种

台湾拟啄木

鸟笼，内部饲养的鸟类所需要的温度、湿度和大体的环境
类似，不会出现寒带、温带、热带鸟混居的状况；罩子里
的森林提供了多样的小环境，你能在林下看到大眼斑雉漫
游，在树干上看到台湾拟啄木在啄木，甚至能看到美丽但
是反应迟钝的绿蓑鸽在路边光溜溜的枝头上筑巢……

下图是抱巢的绿蓑鸽。其实我特别反对拍巢鸟，奈何这家
伙心太大，就在路边做巢，什么遮挡都没有。

等等，绿蓑鸽在路边光秃秃的树枝上筑巢？这心也太大了

巢中的绿蓑鸽

吧！鸟巢是个很脆弱的地方，一般不会暴露在外，要不然被敌害、人类看到了，后代就很危险了。所以，如果你看到有毫无遮挡的巢鸟照片，就得打个问号，为什么这么清晰、没有遮挡？是不是有人把鸟巢周围的遮挡物给清除了，清除后会不会导致小鸟遭遇危险，都得好好想想。

这对绿蓑鸽会把鸟巢做在这么个地方，也能说明逛台北动物园的人比较有素质，没有人手贱，才让这鸟的爸妈有安全感。

更让人感慨的是，台北动物园的视角，并不只停留在哺乳动物和鸟类这样与人类天然更亲近的物种上。园内还有两栖爬虫馆和虫虫探索谷这样的区域，科普这些通常不太被人重视的物种。

台北动物园的两爬馆拥有远超大陆同行的实力。哪儿强？一方面强在珍稀物种的保护上。繁育珍稀物种，做迁地保护，是现代动物园的一大任务。但说真的，能够真正参与进保护事业的动物园又没那么多。台北动物园在这方面做得相当好，拿两爬馆来说，他们参与了安南龟的国际繁育计划。

安南龟是一种越南特有的龟类。亚洲的龟鳖都很惨，除了要面对栖息地破坏、被抓来吃之外，长得好看的会被人抓去养，简直生不如死。安南龟长得好看，还有人觉得它好吃，于是被抓到濒临灭绝。台北动物园能帮助安南龟繁育，这是个大功德。

安南龟和它们居住的环境

更强的是教育。

就拿这一块台北赤蛙的保育宣传来说，真的是超高水准。台北赤蛙是台湾的一种珍稀两栖动物。近些年因为农药打太多，台北赤蛙的栖息地也遭到破坏，数量在骤然下降。这一块的宣传，以这种动物的特征起笔，谈到生态，谈到

数量减少的原因，再接上大家的行动，不卖惨，不乞怜，从引发兴趣谈到共生，特别棒。

更让我感慨的是左面这张图片。在生态学中有"伞护种"这个概念，说的是通过保护一个物种，就能够保护它身边的环境，就像伞一样保护了周围的其他物种。一般来说，伞护种常常是高大威猛谁都不会忽视的大动物，但在台北动物园的这套宣传中，台北赤蛙居然成为了一个伞护种。转念一想，确实，这个物种对环境有要求，害怕打农药，如果它们能在一块田里生活得很好，其他物种也可以。再加上又是一个常见的广布种，确实能当伞护种。这可妙得很。

其实，台北动物园的水体中就有台北赤蛙，这家伙叫得巨难听。这说明这座动物园也是不怎么打杀虫剂的。突然感觉我连续数次在台北动物园里被蚊子、小咬们咬惨了，是一件没那么坏的事情……

枯叶蝶

台北动物园的昆虫馆中最华丽的部分是蝴蝶园。台湾有很多种蝴蝶，几间蝴蝶园里饲养的都是原生的物种，从幼虫展示到成体。数种蝴蝶中最有意思的当数枯叶蝶。这货翅膀的背面花纹是枯叶的轮廓和纹路，合起来之后还会微微颤动，就像是一片随风颤抖的枯叶。但如果你惊了它，枯叶蝶张开翅膀，正面鲜艳的颜色很可能会让你吓一跳。在猎食者吃惊的这个瞬间，枯叶蝶可能就瞅准机会逃走了。

更让我感慨的是这儿的志愿者，在台湾称为志工。我在昆虫馆里遇到了一位满头白发的志工老爷爷。他大概是听到我们几个人说话带大陆口音，于是特别带着我们转了一圈，看蝴蝶幼虫，看萤火虫。聊了聊，老爷子是 1949 年来的台湾。他老人家对大陆应该是有特别的情愫。

这位志工对昆虫馆里的各种虫子如数家珍，问啥都知道。有这样一位专业人士带领，你能看到很多很有意思的东西。比方说，下面这种小棍棍一样的虫子。我第一眼看到它的时候以为是个树枝，老先生听后让我仔细看，我又觉得是一只竹节虫，可惜又错了。于是，老先生拿着一根小棍，碰了碰它长长的腹部，这只小虫张开了八条腿。嚯，这是个蜘蛛啊！

蚓腹蛛

这种奇怪的小虫是一只蚓腹蛛，我之前见过图片、看过资料，但这还是第一次见到实物。它的特点就是长长如蚯蚓的腹部。这样的外观，真的是会颠覆你对蜘蛛的认识。

如果没有专业的人士带着看，连我都不会发现这么个小东西。想一想大陆的动物园，大多数时候招的志愿者都是有热情、有体力但是缺乏知识和技能的小年轻。这种策略上的不同，会带来完全不一样的感受。

在动物园的门口，还有一片试验稻田，这是一块做生态农业教育的地方。台北动物园的园长，曾在此带着小学生劳作，宣传和田鳖等稻田生物和谐共存

的理念。在这片试验田的周围，立着田鳖、花龟、中华鳖、台北纤蛙的雕像，这些动物的鉴别特征都很精确（没错，连那个 Q 版的田鳖都不是乱塑的）。

这样的自然教育，已然超越动物园自身的疆域了。

只要有上面这样的场馆和自然教育水准，一个动物园就算得上优秀。台北动物园中最让人拍案叫绝的，是有一片台湾动物区。

水稻田内的装饰性雕塑

台湾动物区中饲养了 21 种台湾本土物种。每一个种，都能让你感受出园方对它们的热爱。举个例子，台湾鬣羚的展区，就拥有教科书一般的场馆设计和丰容水平。

台湾鬣羚是台湾地区现生唯一一种野生牛科动物。在大陆，它们有个亲戚叫中华鬣羚。这两种动物的脖子中间都有一行鬃毛，看起来非常潇洒。若是把这两个种放在一起，外貌上的差别显而易见：台湾鬣羚是棕色的，中华鬣羚更偏灰黑色。

鬣羚是一类山地动物，喜欢爬高高。这样的习性和西北的岩羊很像，因此，建一个人造的假山让它们爬就很好。台北动物园就建了这么一座山。更为漂亮的是，他们还结合了台湾的环境特点，在假山上接上流水做了个人工瀑布，

台湾鬣羚

在山石间种上了滴水观音。这样的设计，似乎让人一眼看到了台湾的原生山林。

为了能让游客观察到动物，饲养员特地把喂食桶放在了展区的前方。这样台湾鬣羚进食时就离游客比较近了。

台湾动物区的建设者不光有还原野外环境的豪气，更有在螺蛳壳里做道场的巧妙。这片区域的许多建筑在 1986 年动物园迁到这里来的时候就已经有了。以目前的眼光看颇为狭小。但就在这样狭小的笼舍里，他们还是尽可能地做了许多丰容。

台湾鬣羚的展区

云豹的笼舍就是如此。饲养员在笼舍里铺上泥土，栽种了树木，让云豹拥有了合适的地面和植被；在笼舍后方建了水泥石墩，上方用铁网加上了进出的通道，立体地使用了空间。喂食时，他们还会把肉系在绳上，挂在笼舍中央，这样云豹想吃到东西，就不得不多做些锻炼。

台湾的云豹消失已久。台北动物园里的两只血脉都源于中南半岛。这样的展馆，让人平添了许多念想。

云豹

穿山甲

然而，台湾动物区最大的明星还不是云豹，而是穿山甲。

台北动物园是世界上第一个实现穿山甲人工繁育的动物园，园中饲养着 13 只中华穿山甲。因为捕捉食用野生动物的陋习，全世界的穿山甲正遭受着巨大的威胁。这威胁大部分来自于我们中国：少数人的暴行，国际上的恶名却要让整个中华民族来背。但至少台北动物园帮我们争回了一点面子。

穿山甲的科普展品

为了保护穿山甲，台北动物园做了许多繁育之外的事情。其中最重要的就是公众教育。

展板自然是穿山甲展区内必不可少的一部分。板上的各种介绍，详尽又平实，并不只是冷冰冰的知识。其中最好的一块，是一个包含着穿山甲模型的透明塑料球，游客可以从一个小小的孔洞里伸进手指，摸一摸穿山甲温润的甲片。原来，穿山甲是这样的手感啊！

但顶级的自然教育，莫过于让自然自己展示自己。让活生生的穿山甲表现自身的行为，那会比展板更为重要。台湾动物区的穿山甲展馆是怎么做的呢？

丰容自不必说，饲养员为穿山甲营造了颇为自然的环境。整个穿山甲展馆都在室内，要在室内做到这一点需要费心思。为了让日行的人类游客看到夜行的穿山甲的行为，饲养员通过白天的定时喂食，让穿山甲在早上会醒来一次。如果你在早上 11 点左右去围观，就有可能看到穿山甲摆弄着透明的长条食盒，又细又长的舌头在其中刮取食物。原来它们的舌头是这样的啊！原来它们是这样吃东西的啊！原来它们狼吞虎咽的样子这么可爱！

如何面对本土物种，是每一个动物园都应该思考的问题。我们大陆的动物园，热爱饲养狮子、长颈鹿、斑马、河马、犀牛这些大

梅花鹿台湾亚种

家耳熟能详的非洲动物，但却常常忘记了身边的动物。其实，东北有狼，有鹤，有狍子；西北有雪豹，有猞猁，有黄羊；东南有鬣羚，有琵鹭，有勺嘴鹬；西南有长臂猿，有云豹，有金猫。不少本土动物在动物园里也能看到，不是说没有，但没有哪一个动物园会像台北动物园这样重视本土物种，建上一座如此优秀的本土动物区。

香港动植物公园

虽然香港是个人口密度很大的城市，但在这里却有许多可以看动物的地方，保护区、公园、山林、湿地，野生或是笼养的动物都不少。就说专门的动物园，香港有香港动植物公园和香港海洋公园两处景点，这两个景点单纯用来展示动物的地方都不大，但相对内地，做得很精细，可谓是螺蛳壳里做道场。它们都是世界动物园和水族馆协会（WAZA）的会员。在中国，仅有台湾的台北动物园、高雄海洋生物博物馆和这两个公园，入列WAZA会员。能够加入这个组织，其实也是一种实力的认可。

香港动植物公园位于中环

地区，这里是香港的市中心，寸土寸金，地价高得恐怖，但依旧留下了几小片空地给动植物园和其他公园。

香港动植物公园的面积仅有 5.6 公顷，若谈大小几乎无法和内地任何一个正经动物园相提并论，甚至已经很小了的伦敦动物园面积都是香港动植物公园的 3 倍。如此大小，很难饲养大型动物。因此香港动植物公园仅饲养中小型动物，主要展示灵长类和鸟类。

树懒：隔壁那只猴子快到失焦

合趾猿之所以叫这个名字，是因为第二三趾之间有膜连接，趾头"合"了起来

整个动物园分东西两个大区，西区是灵长动物区。香港动植物公园位于山地上，植物园园内的植被相当不错，但可惜的是，这儿的灵长笼舍无论是设施还是理念都比较老，没有利用天然的环境，也没有造什么景。

展示的灵长类中最显眼的是长臂猿。在数个高大的网笼中，白颊长臂猿们借助网壁上下翻飞。大概因为气候、环境合适，还饲养有几个完整的家庭。这些白颊长臂猿很喜欢叫，在树林的围绕下，这些叫声混响得特别热闹。

白颊长臂猿叫够了，旁边的合趾猿又唱了起来。合趾猿是长臂猿中最大的种类，身高可达 1 米左右。加之身材粗壮，一晃眼过去你会觉得见到了一只黑猩猩。合趾猿无论雌雄，喉咙上都有一个硕大的喉囊，平时难以见到，但一叫就会鼓起来，胀成足球大小。合趾猿会用这个结构提升鸣叫的音量，也能靠它发出特别的共振音。

西区的深处，还住着一家红毛猩猩。这些猩猩的笼舍比长臂猿们可是大多了，但若以内地优秀动物园的标准来看还是不够大。笼舍是全封闭的，笼顶特别制作了许多交错的斜梁，模仿林间树冠的枝头。红毛猩猩们很喜欢这个结构，我去的时候，几个个体全窝在上方。

红毛猩猩

若是看红毛猩猩场馆的地面，就显得不够好了。这儿的一个笼舍里有人造的树枝，也有人造的瀑布，但另一个基本是空的。占地面积不够无法扩大笼舍可以理解，但已有的笼舍里不怎么做丰容就不太好了。

整个灵长区，呈现出展示的动物越大，饲养条件越跟不上的状态。只说灵长区，内地已有几个优秀的动物园超过了香港动植物公园，比方说南京红山动物园。这片区域在二十年前可谈得上优秀，在现在有些落伍。但话说回来，这些笼舍还是比内地大多数动物园的要好。

穿过地道，便来到了香港动植物公园的东区，这边是鸟类
展区。展区中，也有一些老式的小型笼舍，饲养了一些雉
鸡或是鸠鸽，但最好看的当数几个大型的混养鸟笼。这几
个鸟笼的主题还不一样，有展示黑脸琵鹭、红鹮、林鸳鸯
的水鸟笼舍，有饲养犀鸟、鸠鸽的林地鸟舍。

黑脸琵鹭和红鹮

林鸳鸯

黑脸琵鹭是香港野生动物保护的一个标志。这种濒危鸟类，长着白身子和黑脸，它们觅食的时候会把琵琶一样的扁嘴放在泥地滩涂中左右晃动，靠灵敏的触觉寻找水中的猎物。黑脸琵鹭身边是一群美洲红鹮，稍远处还有几对林鸳鸯。林鸳鸯是我们熟悉的鸳鸯的亲戚，生活在北美。

这些水鸟生活的笼舍中有上下两个池塘，中间以小瀑布相连。笼舍的观察面有上下两处，借助高差和坡度的合理设计，每一个观察面都只能看到一个池塘的水面。加上笼舍内较为密集的植被，保证了动物不会被 360 度围观，不会有太大的心理压力。

凤冠鸠

林地主题的鸟舍中，最好看的是凤冠鸠。凤冠鸠是一类生活在印度尼西亚、巴布亚新几内亚的大型走地鸽。它们的个头太大，飞行能力很弱，但在林间穿行时颇为敏捷。凤冠鸠最明显的鉴别特征，是脑袋上扁平的凤冠，让它们那小小的鸽子脑袋看起来特别高贵。

在老的分类方法中，凤冠鸠属分三种：蓝凤冠鸠、维多利亚凤冠鸠和紫胸凤冠鸠。最近，科学家刚从紫胸凤冠鸠里新分出来一个南凤冠鸠。不算这个新种，香港动植物公园已经把凤冠鸠属集齐了，这在中国是绝无仅有的。这几个种在

小葵花凤头鹦鹉

外形上有细微的差异，叫声也有所不同，放在一起，需要仔细观察才能分辨。园中有漫画化的图鉴，将这三个种的差别画得一清二楚。借助这个工具，只要仔细，你肯定能分辨出不同。

香港人确实很喜欢鸟，也很会养鸟。在香港动植物公园隔壁的香港公园中，还有一处鸟类展区。其中，有一个巨大的可进入式鸟类温室，我运气不好，去的时候正在修，所以没有参观。旁边的展区中，饲养着一些大型犀鸟，也颇为可观。

正在看犀鸟的时候，我突然看到一只白鸟从我眼前晃过，还发出了嘈杂的叫声。当时我蒙了一下，突然意识到，香港城区的白色野鸟，叫声还很难听，除了它还能是什么！

物种在全世界仅剩不到一万只，香港的野生种群占了全世界的十分之一。

香港种群是怎么来的呢？这就传奇了。"二战"期间，日本军队打到香港之前，港督杨慕琦养了一些。为了防止自己的鸟被日本人俘虏，港督在抵抗失败投降被俘前把鸟给放了，这就造就了香港的小葵花凤头鹦鹉种群。

入侵生态学里有个十数定律：外来传入的物种只有 10% 能够定植，定植的物种只有 10% 能够扩散，扩散的物种只有 10% 有害。看起来这些小葵花只是在城市生态环境中定植了，没到后面两步，不用太担心危害生态啦。

它是谁？它是小葵花凤头鹦鹉，它可是香港野生动物中的一个传奇。

小葵花凤头鹦鹉可不是在澳大利亚滥大街的大葵花，而是原产于印度尼西亚和东帝汶的极危物种。这个

我问过本地的朋友，小葵花在香港公园附近非常常见，他们甚至都不把它当一回事。而在九龙公园中，有更密集的一群。包括小葵花在内的各种野鸟受到香港严格的法律保护，当地的环境也适合生存，它们的生活，想必很如意吧。

环境这么好也是有副作用的。香港动植物公园内的蚊子和小咬（一般指蠓）实在是太多了，我一个不小心，腿上就被咬了一片包。不过，这也算甜蜜的烦恼，为了看到这些过得不错的动物，被咬咬也就忍了。

香港海洋公园

香港海洋公园同样擅长养鸟。这个公园其实更像一座游乐场，有许多特别刺激的游乐设施，比方说亚洲第一个 VR 过山车，能观看海景的摩天轮，它们的光辉，似乎盖过了海洋公园内饲养的动物。

也的确是这样。花好几百港币买票，要是只看看那些不算多的动物，不去玩游乐设施，似乎是不太值。但这并不代表那些动物的展区不够好。恰恰相反，香港人在海洋公园中还原出了一个个小生态。

绿蓑鸽

这样的生态感是如何营造出来的呢？不妨来看看海洋公园的水獭展区。这儿的水獭生活得比较自在，笼舍中有溪流、瀑布、沙地、巢穴，光是这个部分，就能让水獭展示出漂亮的自然行为了。但这不是重点，往上看。这个展区非常高，岸上有好几棵树，树冠中生活着好多种鸠鸽类。例如左图中的尼柯巴鸠，也叫绿蓑鸽，是鸽子中最好看的种类之一，在太阳下，它们那泛着金属色的羽毛会闪烁出彩虹一样的光辉。

东南亚是鸠鸽类的演化中心地区，各种鸽子的多样性极高。生活在东南亚的水獭家里周围有各种鸽子是很正常的事情。海洋公

雉鸠，一种走地鸽，生活在海洋公园的鸟区当中，我是第一次见

曲冠阿拉卡鵎，它这么美，请不要取关

园的这个展区，通过分层的混养还原出了水獭家的环境。这就是生态感。

这样的生态感，在热带雨林天地展区中更为明显。这个展区中有混养的热带鸟类，有群居于小笼舍中的热带小猴，有单独生活在生态缸中的热带两栖爬行动物，一个个小的展示区域，仿佛构成了一棵大树的各个部分，重现了热带雨林的生态。

在这些热带鸟中，我最喜欢的是巨嘴鸟。

热带雨林天地中生活的巨嘴鸟，大多是阿拉卡鵎这一类。阿拉卡鵎比常见的鞭笞巨嘴鸟小，颜色更为鲜艳。我去的时候香港正在下雨，没想到阿拉卡鵎

曲冠阿拉卡鵎

一沾上水，浑身就散发出一种浓重的塑料感，加上它们停在树枝上时不爱动，一动都不动，看起来实在是像塑料假鸟。

在这些热带鸟附近，海洋公园展示了一堆两栖爬行动物。这儿的两爬全部生活在生态缸当中，缸内除了动物，还有活的植物，需要有恒温、恒湿和照明装置来维护这个小生态。所有生态缸中，我最喜欢的是几个箭毒蛙的缸。这些颜色艳丽的小恶魔生活在绿油油的植物中，让人看着特别高兴。

香港动物园的两爬馆水准比内地同行高了不是一点半点。

说完热带，我们再来看看寒带。海洋公园的极地展区中，最好看的是一堆企鹅。我去的时候，正是巴布亚企鹅筑巢繁育后代的时候。在南极半岛上，筑巢用的石头是企鹅当中的硬通货。为了做好自己的巢，巴布亚企鹅常常得去别人的巢里偷窃。这样的行为在海洋公园里完美地展示了出来。所谓让自然展示自己，就是这样一个状态了。

钴蓝箭毒蛙

偷石子的企鹅

在中国，港澳台的地位比较特殊。因此，这三地必须都有熊猫。香港的熊猫生活在海洋公园。和澳门的石排湾郊野公园熊猫馆一样，海洋公园的两个熊猫馆都是室内场馆，他们在室内铺上土、种上树，依靠通风和照明系统，在室内给熊猫营造了一个恒定的环境。这样精细地管理室内展区的方式，值得内地的动物园学习。

香港海洋公园展示的中国国宝，可不只有大熊猫，他们还专门为了中华鲟建了一个长江生态馆，馆中生活着来自长江的中华鲟。说真的，这是我第一次在动物园或海洋馆中看到中华鲟。这个中华鲟的展缸很大，人们能从侧边和底部观察这种巨型鱼类在水中的曼妙身姿。而身边的文字、视频，又在告诉游客为了保护长江，我们能做一些什么。

香港海洋公园的熊猫

中华鲟缸

作为一个在长江边长大的孩子，我在这个场馆中十分感慨。

作为一个海洋主题的公园，香港海洋公园中还建有许多大型的水族缸，也饲养了一些海洋哺乳动物。相对于内地的同行，这儿的动物福利比较好，有一定的丰容，场馆设计也更妙，特别注重让游客从不同的角度观察到动物。值得一提的是，香港海洋公园的海豚有半数是自己繁殖的，这就减少了对野外种群的依赖。同时，这里也接待需要救治的野生海豚。

必须得说，这是一种进步。

二龙喉公园

澳门没有专门的动物园，但有两个公园中有动物展区。

我逛到二龙喉公园的时候，澳门人正在缅怀一头名叫 BOBO 的亚洲黑熊。人们带来了鲜花和胡萝卜，敬献在 BOBO 的雕像前；人们作画、写信，用褐色的丝带绑在栏杆上，栏杆上甚至还绑着气球和棒棒糖。BOBO 在生前应该也会喜欢这些东西吧。

公园的管理方新做了两块标牌，和几块老的标牌一起，详细介绍了 BOBO 的生死。但据澳门媒体的考证，官方所制的标牌有一些瑕疵。他们查到了《华侨报》当年的报道，指出 BOBO 获救于

1986 年 12 月 19 日，是一家饭店派人送来的。饭店方表示，曾有人出一万块想买下 BOBO 吃掉。

之后，BOBO 就住在了二龙喉公园，成为了澳门人的宠儿。澳门回归后，他们又设法和北京动物园合作，获得了一头母熊给 BOBO 做妻子。可惜，母熊在澳门没有活上几年。

三十多年过去了，BOBO 成为了亚洲黑熊界的老寿星，它的身体也越来越差，从 2018 年年初开始，便深受肺炎的困扰。2018 年 11 月 20 日 11 时 16 分，这位"熊瑞"在二龙喉公园辞世。

无论如何，人们都在用自己的方式缅怀一头黑熊，一头陪伴了这个城市 34 年的亚洲黑熊。这样的人情味或许正体现了澳门的文明程度。

这是比游客视线稍高的一个生活面，从石坡往下爬，BOBO 还可以来到下面的一片领地。在港澳台，没有太多人投喂，因此坑的问题没那么大。

澳门其实没有专门的动物园。二龙喉公园不过是建了几个笼舍，养了一些不罕见的动物，并且看起来颇为凋敝，好几个笼舍都空了。在内地，这就是小型园中园的性质和规模。这些笼舍也不新。BOBO 的笼舍，其实是一个熊坑，地方也不算大，但里面有水池，也有一些基础的丰容。

BOBO 死后，公园的管理方决定将它做成标本，永远和澳门人待在一起。但不少澳门人已经把 BOBO 当成了澳门人的一分子，认为它应该入土为安。于是，BOBO 的笼舍外也成为了无声的抗议现场，一些人在那儿贴上了反对做标本的宣传材料。

石排湾郊野公园

相比较之下，石排湾郊野公园的大熊猫，生活得就好得多。这个公园主打郊野体验，自然环境不错。刚到那儿的时候，我就被地图上标注出来的"蜻蜓园"吸引了注意。一开始，我以为那又是一个放养昆虫的温室，过去一看才发现，那是一条小溪，溪水从山上沿着人工划出的台阶一级级向下流，两侧种满了多种多样的宿主植物，水里也有水草。原来，园方是在用园艺的手段，吸引野生昆虫来到人类的眼前，展示的是澳门的自然。

野生的蜻蜓

石排湾的笼养区明显分成新旧两块。旧的笼舍养了一些鸟和灵长类。大概因为来源和经费的问题，这儿的动物不多，像黑叶猴、长臂猿这样的群居动物，都只有一只。它们生活的笼舍空间很高，但丰容水平一般，有，但是不出彩。这些动物几乎都是从二龙喉的老笼区迁来的。

新建的大小熊猫、金丝猴馆就精彩得多。这些内地来的动物，生活在空调房内，享受着在室内建造出的自然环境。尤其是那个收 10 块澳币的大熊猫馆更是精彩，园方在场馆内用土堆出来了几个缓坡，坡上种植了草和树，在恒温系统的控制下，熊猫能全年生活在舒适的环境中。住在这儿的熊猫是"开开""心心"和它们的孩子"健健""康康"，这 4 头熊猫被澳门人亲切地称为"开心家族"。

这个大熊猫馆还有外舍，外舍中有可以爬的大树。但我去的时候，大概在整修，里面有人，没有大熊猫。

这样安逸的室内大熊猫馆在内地几乎看不到。如今，我们一些动物园也建了水平不错的大熊猫馆。若是比外场，很多利用原生环境做展示的

川金丝猴

熊猫外场甩港澳台熊猫馆好几个身位。但没有哪个动物园有这么考究的室内展示。

这样的环境，给了动物舒适的同时，也能让游客舒心。我在熊猫馆里遇到了好几个满嘴"卡哇伊"的日本人，我在熊猫馆附近徘徊了两个多小时，都没见他们出来。

相比二龙喉公园，石排湾公园的动物展示更好看，也更有生气。这儿若是能扩大成一个全配置的动物园，那肯定会特别精彩。

逝去的 BOBO 让我们看到
澳门人的关怀。生机勃勃的
开心家族，又显示出了澳门
饲养动物的实力。大家去澳
门旅游时，不妨多走两步，
去石排湾看看澳门对自然、
对动物的态度。

石排湾的大熊猫和它的家

Northeast

东北的动物园

在开始中国动物园之旅时，东北是我最早造访的地区——原因很简单，我需要在天冷之前，赶着把东北跑完。那时我根本没有想到东北动物园给了我这么多惊喜。只论大城市，东北的动物园行业可能是中国最先进的区域之一。这很可能同竞争激烈有关：这些城市都有动物园和水族馆，还有东北虎林园这种出了东北就几乎看不到的动物园形式。但更和几座动物园的理念相关。

这些东北的动物园有较为浓郁的当地特色，狼、虎等原产动物是标配，养得都不算差。但他们都没有特别强调自身的东北特色。其实，以其动物阵容，在展馆铺排、科普信息展示上，强调一下本土物种的身份，会让独自存在的几个场馆聚合成一个系列，彼此形成勾连。这样的展示，也能让游客的印象更深刻。

我是在初秋游览的这 4 座动物园。此时气候还很温和。东北的隆冬有着南方动物无法忍受的严寒，在那时，动物园不得不将它们关在室内。我特别注意了这几座东北动物园的内舍，能看到的那些都不是很好。这些东北动物园冬天的水准肯定会急剧下降。

岩羊

沈阳森林动物园

东北的动物园中，以沈阳
森林动物园为最好。

该园分为两个区域，一个
是大圈的密林幽谷，一个
是小圈的其他场馆。所谓
"密林幽谷"，还真有原

生的山坡和小峡谷，遍地是树林。2015 年，密林幽谷经
历了一番彻底的重建，目前还有很多新场馆在修。整座动
物园的精华就是这片区域。

进入密林幽谷，岩羊展区首先给了我惊喜。

岩羊原产于喜马拉雅山脉两侧，是雪豹最重要的食物。它

沈阳森林动物园的岩羊展区

的天性，也是它们喜欢的运动。动物园给了岩羊攀岩的机会，游客运气好就能看到。这样的体验，才是现代动物园应该提供的。沈阳森林野生动物园的岩羊展区，就提供了观看岩羊自然行为的机会。

们和山羊的亲缘关系比和绵羊的近，雌雄都有角，角向两侧弯曲。这种羊特别擅长攀岩，我曾在青海见过野生岩羊攀爬近乎竖直的石壁。

作为一种羊，岩羊常常不受动物园重视，居住的笼舍，常常就像是一般牧民家的羊圈。但沈阳森林野生动物园对岩羊青睐有加，在它们的展区里建了一座十米高的假山，岩羊能够像在老家那样攀爬到假山顶上，俯视下方的游客。假山下方，园方还建了几个山洞，岩羊可以在其中藏身。2018 年，几头母羊就在山洞里产下了小崽。

岩羊最好看的自然行为，便是攀爬陡峭的岩壁。这是它们

密林幽谷区天然的山水也利用得不错，很值得一看。比方说羚牛展区。羚牛是一种生活在山地密林中的动物，算是熊猫的伴生物种，长得孔武有力，尤其是陕西亚种，一身金毛神采奕奕，但却一直没有红，倒是十分可惜。羚牛原生的环境就是山地，它们可以攀爬很陡的土坡，沈阳森林野生动物园的羚牛展区坡度虽然没那么陡，但依旧可以展示出山地动物的风采。

沈阳森林动物园的马鹿

麋鹿

沈阳森林野生动物园的鹿也养得很有趣。生活在山林中的马鹿，被放到了一片山坡林地上。马鹿这种"灌木杀手"也不客气，把展区中的小树全部给啃秃了，过得怡然自得，偶尔躲在已经藏不了身的枯枝后面偷窥游客。

更有意思的是麋鹿展区。和马鹿不一样，麋鹿不住在山林中，而是喜好沼泽地。密林幽谷区中，有一片毗邻水体的土坡，麋鹿就被放养在那片区域。我去参观的时候，一头大角的公麋鹿头顶着水草，背上满是淤泥，诎诎然地从水边走到了坡上，逆光里看起来颇为奇幻。

这样的草食动物展示，建立在对动物的了解上，借

狼

助于园中广阔的面积、丰富的环境，才建立起这么精彩的展区。

同样，密林幽谷中的肉食动物也有类似的特色，其中最精彩的莫过于狼。

东北的动物园似乎都很重视狼，也擅长养狼。密林幽谷狼区的占地面积大、森林覆盖率高，有山坡，有水池。据饲养员介绍，他们特地在这个展区的远端堆了一片松过的土，利于狼挖洞。果不其然，狼们在那儿挖出了巢穴，然后在其中生下了孩子。

狼群就这样壮大了起来。这一群狼大约有 10 头，群体内的等级非常森严，就像老的教科书里所写的那样。群里的老大大多数时候多着毛，看起来特别健壮，身边围绕着它的孩子和盟友。笼舍边缘晃悠的是群里的受气包，它地位很低，经常被别的个体欺负，我去看的时候后腿上有一个鲜红的伤口。但要把它挪走，倒数第二可能就会成它这个样子。

狼是沈阳森林野生动物园中本土环境养本土动物的典范，而熊猫又体现了场馆设计、丰容的最高水平。这里有 4 只熊猫，每只性格都不一样。图里这只叫浦浦，据说爱好拆树，是个戏精，隔壁熊猫要上树获得了游客的欢呼，它也会比着来一个。4 只熊猫对应 4 个笼舍，每个丰容都不错，有活水，有爬架，有玩具。饲养员说，隔段时间熊猫就会轮换笼舍，让它们对环境保持新鲜。

这儿熊猫养得不错，那么别的熊呢？棕熊场馆虽然明显不如熊猫，但也不差。这就让人不难受。

沈阳森林动物园的熊猫浦浦

倒是密林幽谷中的老虎，
出现了明显的刻板行为，
不停地来回走动。这里的
虎区非常大，里面还有一
台布景用的……坦克？这样
的组合可能只有在这里能
见到。但坦克对于老虎来
说没有什么意义，整个场
地看起来还是太空了，这
可能就是出现刻板行为的
原因。

密林幽谷旁边的小圈当中，
有一些比较老的场馆，如
象馆、猛禽馆，和新场馆
一比，差距就立马显现了
出来。尤其是放置猛禽的
那几个铁笼，老得有点惨
不忍睹。

旁边的鸟馆，倒是经过
一番改造，比之前加高
了许多。这些笼舍养养
小型鸟类还不错，其中

老虎和坦克

确实有一些比较少见的鸟类，比方说这种紫焦鹃，毛色艳丽、举止活泼，还会秀恩爱虐"狗"，可以说非常好看了。

说到鸟，沈阳森林野生动物园的特色是丹顶鹤的繁育。这里有一个鹤类飞行的行为展示，非常好看。

活动在周日的 11 点和 14 点。饲养员会先科普几分钟，讲讲丹顶鹤的特点、饲养要点，然后请出丹顶鹤飞行。门一开，鹤张开翅膀就冲了出来！然而，我们遇到的这群鹤是 2016 年出生在园里的老员工，这份工作做了两年，十分

虐"狗"的紫焦鹃

展示飞行的丹顶鹤

油腻。走出不到 10 米，掉头回去了！场面一度非常尴尬。不过这也挺好的，饲养员没有逼它们飞："鹤大爷"不飞是本分，飞是给面子。

好吧。饲养员决定放出另一群 2017 年出生的年轻员工！年轻员工立功了！飞上天了！不过好像有一只飞行技术还比较差，转了好几圈才落下来。游客的相机哗啦啦响成一片。

放飞区旁边，有一个小的水禽区，整体是还原沼泽地环境，这是好几种鹤所喜欢的。一只灰冕鹤心很大，在水禽区中生了蛋。然而，那儿没有雄性，蛋无法受精，生不出来小宝宝，可惜啊。愿意在那儿下蛋，也是认可了那里的环境。

鹤类的沼泽展区

大连森林动物园

大连森林动物园是东北地区另一座值得好好看看的动物园。这座动物园建在山地上，山，可能会让游客爬起来比较累。幸运的是，动物也是这么感觉的。如果动物园里有山，地面高高低低起伏变换，那么环境的丰富程度可远比平地要高很多，再加上山坡能帮助动物消耗更多的体力，能让它们不那么"宅"。

小熊猫

我们不妨来看看大连森林动物园里的小熊猫。小熊猫的原产地，便是中国西南的山地森林。在东北海边的这座动物园当中，小熊猫住在一片天然的山坡上。这里有几棵人大腿那么粗的树，树还不矮，上面"结满"了小熊猫——进食过后，这

小熊猫展区

些小熊猫都爬上了树，在树枝之间休息。

人类的步道没有爬架和树高，在这样的环境下，游客很难干涉到高处的动物。大家想要看到小熊猫，得透过树枝去找。但小熊猫的可爱是寻找的绝佳奖励，人类找得很开心。

这座动物园还有特别洋气的一面。这个感觉，在我遇到一只白鹈鹕的时候最为强烈。

这只白鹈鹕看起来特别奇怪。第一眼，我就被它嘴巴上一块看起来像是塑料板的东西给吸引了。仔细一看，这是一对夹板，上着螺丝，固定在上喙上。问了一下饲养员，原来，这只白鹈鹕的嘴之前断掉

3D 打印修好的鸟嘴

了。园方想办法找来一个做 3D 打印的公司，建好模，给它做了这个夹板，把嘴巴给修好了。修好之后，这只鹈鹕的进食一点问题都没有。

拿高科技帮助残疾动物，这可实在是太洋气了。大连森林动物园的工作人员实在是厉害。而这样厉害的工作人员在整座动物园当中比比皆是。

再举个例子，鸟区的鹤类饲养员冯永生也特别棒，对自己的孩子如数家珍，自己的展区收拾得特别现代。在他的管理下，这里的蓝鹤繁殖了。蓝鹤是南非的国鸟，在中国动物园里不太常见。能繁育出一种不太常见的动物，这可十分了不起。

这位饲养员管理的鹤类展区，是全中国最值得看的鹤展区。全世界一共有 15 种鹤，大连有 13 种，分别是丹顶鹤、白枕鹤、蓑羽鹤、灰鹤、灰冠鹤、黑颈鹤、白鹤、白头鹤、肉垂鹤、沙丘鹤、蓝鹤、黑冠鹤、赤颈鹤。这样的阵容，在中国是妥妥的第一。

又有技术，又有资源，大连森林动物园若能在鹤类的科研和保护上再多下一些功夫，就能收获更多的尊敬。

蓑羽鹤的笼舍。这样只有纵向钢丝没有横向钢丝的网笼方式，对鸟类更加友好

北方森林动物园

哈尔滨的北方森林动物园，是全中国省会城市动物园中离市中心最远的一个，开车得走 60 多公里。

作为一个东北的动物园，北方森林动物园的狼照例养得非常好。它们的毛发都很鲜亮，状态很活跃，单调重复的刻板行为很少。这一切应该归功于狼区的地形：这是一片舒缓的小山坡，地面没有硬化，是泥质的，上面有较茂密的树林，仿佛就像是东北野外的森林一般。山坡有沟壑，有较高的干燥台地，也有灌木丛生的位置能够给狼群遮蔽，让它们能够避开人群的目光，减小压力。最重要的是，这个展区差不多有大半个足球场那么大，狼在里面完全能够跑得开。原生环境和原生动物是绝配，丰容做起来都省心。

北方森林动物园的狼

虎展区

在展区上方，一条金属步道承载着人群，这样的视角虽然还是有点居高临下，但这些狼很有尊严地漠视了围观者，没有出现同样场景下熊乞食的糟糕场景。园内还有一个猛兽散养区，里面的狮子、老虎也是这么养的，但没有狼区这么出彩。无论是东北虎还是孟加拉虎，都是密林中的顶级杀手，生活在这样的环境里是合适的。至于狮子，出现在密林当中稍显违和，但也不至于差。

这座动物园还有一个看点：饲养员的日常科普。我在河马馆外遇到了一位很棒的饲养员。刚看到她的时候，她戴着

给河马拔野菜喂食的栾阿姨

耳麦，一边给河马做着口腔检查，一边向游客介绍自己是在干什么，河马有什么特点，饲养时有什么需要注意的。像这样的介绍，每天有十几个场馆会有。

这位名叫栾晶的饲养员阿姨是个"老资格"，自这个动物园创办时就在此工作。提到这两头小河马，她是如数家珍："它们都两岁多一点，大的那头大三个月，吃饭特会抢，所以个头也大。"栾阿姨特别开心地跟我说："河马啊，拉屎时尾巴跟小马达似的，大的学会了，小的还没学会，哎哎哎你看拉屎了怎么不转呢……"

我去的那天，哈尔滨下了场雨。大概是因为这个原因，河马的饲料来得比平常晚了一点。栾阿姨怕河马饿了，在旁边的草坪上摘了好些野菜，两个孩子就把脸搁在栏杆上，眼巴巴地望着，简直就像是等着妈妈做饭的小朋友。

长春动植物公园

长春动植物公园曾经创下了中国动物园行业的一个"第一次"：第一次有动物园彻底关门重修。重修花了三年时间，其结果让人特别满意。

和其他几座东北动物园类似，长春动植物公园也有很多借助原有地形、环境设计场馆的例子，比方说他们的虎展区，就建在山坡上，依托山地地形，有较为原生的植被，也有水流涌动的水池。

这座动物园还拥有国内动物园中少有的能看的豹展区，饲养着两头花豹、一头黑化花豹，它们和马来熊共享着中型猛兽区。豹的笼舍虽然小，但丰容做得很棒。笼舍中的爬架自不必说，中间栽种的矮树给了豹遮蔽。我连着去这个

泡澡的虎

动物园逛了两次：头一次
是傍晚，人少，豹们踱步
到了笼舍的玻璃幕墙下，
非常放松；第二天中午，
人多了起来，豹们就依靠
树枝获得了遮蔽。

如果这几个笼舍多利用一
下高层空间，靠着后面的
墙建一个平台，让豹能够
上蹿下跳，就会更加完美。

在长春动植物公园的行道
树上，冷不丁地会突然冒
出来一些动物小雕塑。它
们应该是灰泥做的，刷上
了彩色油漆，借着树上节
疤的形状塑出了外形。这
么创造原材料肯定不贵，
但是用的巧思让人实在高
兴。动物园的主角肯定是
动物，但这些小雕塑创造
了许多惊喜，冷不防的一
拐角，咦，树上有个猴儿！

水池边的豹

有个黑熊看着你！还有老虎！一旦意识到园里有这样的雕塑，我就下意识地到处找，简直跟彩蛋一样。如果说还有什么吸引着我再去一次这座动物园，那就是这些雕塑了。

精巧的小雕塑

Northwest

西北的动物园

西北地区是我这趟中国动物园之旅中造访的第二个地区。原因和早去东北地区类似，我得赶在天冷之前把这些动物园看完。

从全中国的视角上看，西北地区的动物园都极富地方特色。可能是因为经济相对落后，也可能是因为地处偏僻，西北动物园中有许多很值得一看的本土动物。这其中就以有蹄类和猫科动物最为特别。往这几座动物园的相关展区里一站，立马就知道自己在哪里。

但同时，经济也是制约因素。你能在西北的动物园中看到缺钱、缺人才对整个行业的束缚，也能看到有人在缺钱的时候仍想尽办法提高动物福利。

西宁野生动物园

西宁野生动物园（简称"西野"），又称青藏高原野生动物园。是西北地区最值得一看的动物园。它很可能是全中国最有地方特色的一座动物园，集中展示了一大批青藏高原原生动物，并把这些本土动物当成了明星。

全园最大的明星动物莫过于雪豹。2016 年，西野成功繁殖出了一头小雪豹"傲雪"，这个小豹子健康地活到了今天。在世界范围内，雪豹的繁殖不是什么难题。但中国的动物园别说繁殖了，养得好的都少。想在国内看雪豹，西野是最好的选择。

这里的雪豹被分在了三处饲养。一处位于比较老的豹舍当中；一处位于两山之间的雪豹谷里，这儿游

雪豹

雪豹笼舍

客只能远观，用作隔离繁殖；最后一处位于新修的雪豹馆当中。

这座新修的雪豹馆远比旧有的场馆要好，展出用的外舍有大约数百平方米，馆内绿植、爬架、丰容玩具一应俱全。整个场馆高六米，雪豹能够自如地爬上爬下。如果说有什么缺陷，那就是上层空间比较简单，没有利用好层高：傲雪在地面上的时候，会蹭爬架留下自己的气味，会像猫一样玩消防管带缠成的球，但一爬上侧墙的边沿，就只会来来回回地走来走去。

园内还有一个猛兽散养区，里面饲养的大型食肉动物

让人看着更舒服。这个区域里最好玩的莫过于熊展区。

熊展区里混养有棕熊和亚洲黑熊。棕熊又有两种：全身浅棕纯色的欧洲棕熊，和本地的西藏棕熊。西藏棕熊也叫藏马熊，特点是肩膀是浅色的。别看它安静的时候像一个几百斤重的傻子，藏马熊其实是青藏高原上最凶猛的野兽。

雪豹

在西北出野外，不怕雪豹，不怕狼，不怕猞猁，也不怕黑熊，就怕藏马熊。这玩意不怕人，人靠近了还会发飙。最扯的是它喜欢吃糖，看到没人的房子或者帐篷就想进去找吃的，然后把里面搞得一团糟。藏语里管藏马熊叫"哲猛"，这个词可以拿来骂人。

我上次来西野的时候，这里的熊舍刚做完地面硬化，浇上了水泥。这一块水泥地面现在还在，它受过不少诘难。在动物园里，水泥地面通常不是好东西，野外环境里可没有水泥，这种材质对不喜欢硬质地面的动物来说不太友好，还会隔绝动物与土地之间的关系，让喜欢刨土的动物无所适从。

为啥要做硬化呢？棕熊喜欢刨洞。在此之前，这些熊在离建筑近的地方挖了一个大洞住了进去，饲养员看到熊不见了，

西藏棕熊

才发现它们搞了个"违章建筑"。于是把熊赶了出来，拉了三卡车土才把坑填上。为了保护建筑，动物园把靠近熊舍的地面给硬化了。

197 04 中国动物园巡礼・西北的动物园

棕熊展区

西野的猛兽散养区位于峡谷当中，有一条高高的栈道从中间穿过。这样的俯视参观方式视野较为开阔，但较容易让人产生高高在上的感觉，一旦有人投喂，动物的行为更容易受到影响。但好在西野基本没有人投喂。一个动物园中的投喂现象严不严重，看动物就知道了。当游客走过的时候，西野的狮、虎、狼以及最容易受投喂影响的熊，都完全没有任何反应，完全没有靠近或是乞食，自己该干什么就干什么，这很明显就是没啥人投喂。

但以水池为界，另一边还是土地，熊还是能刨土。我就亲眼看到，好好的一块平地突然冒出了一个熊。听西野的齐园长（微博名为"圆掌"）说，他们的熊冬天会冬眠。要知道，北京动物园的熊，也只是重修了那座中国第一的熊展区之后才开始冬眠的。

在动物园的大门口，有几块已经褪色了的宣传牌，告诉游客为什么投喂不好。为了治理投喂，西野一方面是堵，绝大部分场馆都加装了双层网墙、玻璃幕墙、加高加宽的护栏，堵住了投喂的渠道；另一方面是疏，除了用各种宣传方式教育游客之外，几年前西野还卖过饲养员调配过的食物，通过可控的投喂满足游客投喂的欲望。最难能可贵的是，他们知道就算是园方控制下的投喂也是不好的，这么做只是一个暂时的过渡状态。当各种防投喂的硬件做好了之后，他们就把这种可控的投喂也给停了。

在同一个峡谷当中，还有两大片鸟类展区。一片饲养着数种鹤、雉鸡和孔雀，一片是猛禽谷。我特别喜欢这片猛禽谷，其中散养有金雕、胡兀鹫、高山兀鹫、秃鹫、雕鸮和喜鹊这几种鸟。这个猛禽谷非常大，

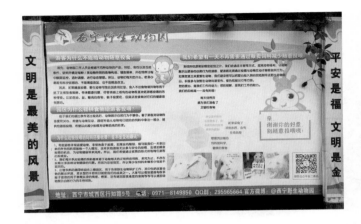

这些大型猛禽能够在其中舒展双翼，在网内飞行。齐园长之前给我讲过一个故事：某次地震后，他们接待了一批灾区的藏民小朋友。藏族人行天葬，所以他们认为秃鹫是灵魂的使者。这些小朋友进了猛禽山之后，里面的高山兀鹫突然成群地飞了起来，在里面盘旋。这些小朋友觉得是自己家人的灵魂来看他们了，顿时一齐哭了起来。动物园能带来的影响，有时候是能够深入人心的。

必须要说的是，猛禽混养笼舍还是会对其中的动物带来一些负面的影响。除了高山兀鹫和秃鹫，笼内其他几种猛禽更偏好独自作战，混养的密度太高，会造成应激甚至是争斗。除了动物园之外，西野还有救护中心的副业，雕鸮这样的大型猛禽在青海又太常见、太容易被救护到，于是猛禽谷里的鸟一直很多。希望下一期的改造增加了软放归功

胡兀鹫

能之后能解决这个问题。

西野的另一个明星物种是兔狲。

兔狲是中国原产的小型猫科动物，生活在苦寒的高原上，

因此有一身厚厚的长毛，让它看起来特别圆。和很多小型猫科动物不一样，兔狲的瞳孔是圆形的，这又让它看起来没那么凶，平添了一份呆气。这样的外表，真是天生的网红气质。

想看兔狲，你就得碰碰运气。要知道，"狲爷"这样的小型猛兽，想要在野外存活就得小心翼翼，所以在大白天它们可不一定会什么时候都到外舍里来。所以，去小猫馆的

兔狲

时候一定要安静，看到它们也别兴奋得手舞足蹈。没看到的话，就多去几次。尤其是在下午下班的时间，会更容易看到。

刚才说的都是掠食者，我们再来看看常被人忽视的食草动物。西宁野生动物园的食草动物以青藏高原特有物种为主，收集了普氏原羚、岩羊、白唇鹿、马鹿、藏野驴等本地特有物种。其中最稀罕的是普氏原羚。

普氏原羚又称中华对角羚，看它的角，角尖相对，对角是也。这个物种仅生活在环青海湖区域，数量极其稀少，是青海最罕见的本土物种，没有之一。它们本来会在青海湖四周自由迁移，但近些年越来越多的牧民

普氏原羚

用围栏圈定了各家的牧场，这对牧业生产有好处，但会对野生动物带来大影响。像普氏原羚这样不善跳高的动物就倒霉了。

西野应该还有三头普氏原羚，养在三个独立的笼舍当中。它们都是雄性，这非常可惜。如果能和青海其他的保护单位交换到雌性，繁育出一个小种群，那无论是对园内的科普教育还是物种保护来说，都会是个大好事。

草食区里的岩羊，是我在中国动物园中见过最好看的一群岩羊。群中的大公羊角有一米多长，特别华丽。我很喜欢这个物种，但一直对它的英文名"blue sheep"十分不解。我曾当面问过乔治•夏勒老爷子"岩羊哪儿蓝了"这个问题，他回答我说："那是蓝灰啊，你看不出来吗？"好吧，如果不是我这双"死直男"的眼睛太过于迟钝，就是东西方在颜色名字上真有差异。

岩羊是一种特别擅长攀岩的动物，给它们一片岩壁，它们就能展示出杂技一般的攀岩动作，不信咱们看看沈阳森林动物园和大连森林动物园，这两个动物园都给岩羊布置了高高的假山。

西野给岩羊布置的假山，就让人十分心疼了：这个假山，才两头羊高……

从笼舍内的其他设施上看，这里的饲养员不能不说是尽心尽力。为了给岩羊攀爬的机会，他们拿竹竿子

岩羊

搭了一个爬架；还在树枝上悬挂了一截粗木棍，大概是用来给岩羊撞着玩的。这里的岩羊状态也很好，不时有繁殖。这就让这座小小的假山，呈现出一股"爸爸尽力了但实在买不起"的悲伤。堆假山的石头不用花钱，出去捡就行。但运石头的车、搬运的起重机、建造需要的土木工程，都需要一笔说多不多说少不少的花费，没钱就是没办法。（本书出版时假山的问题已经解决。）

缺钱缺人的问题，在自然教育上也特别明显。

西宁野生动物园在宣传动物中的明星个体，这在全中国的动

岩羊的假山

物园里都不太常见。在雪豹的地盘上，有非常详细的宣传牌，仔细地介绍了每一头雪豹的名字、身世、行为特征。在网上，西野的这些雪豹明星拥有很多粉丝，不少人从外地慕名而来，就为了看看它们，就像是追星一样。

这样凸显明星个体的宣传方法，是一种非常好的自然教育。适合展示的个体，会比一个物种更有个性，更容易拉近人和动物之间的关系，让受众更乐意去了解动物。有了明星个体，也更容易吸引更多的游客；另一方面，有了粉丝的动物，也会倒逼着饲养员更加上心。从哪一方面看都是好事。

但这样有趣又活泼的自然

兔狲身边的蹭毛器就是游客捐的

教育并没有在整座动物园里铺陈开来。罕有其他动物享受
到了这样的待遇。如果有钱有人力，这样的理念能让西野
的自然教育再上好几个台阶。

西野的好，很多人看在眼里。不少游客给它捐献了很多物品。
像上图中狲爷身边的蹭毛器，就是一位游客捐献的。其实
大家捐的东西也都不是什么大件，小的有猫爬架、蹭毛器，
大一点的有木板、轮胎，但众人源源不断的爱意，让整座
动物园变得更有人情味，更加温暖了。

天山野生动物园

天山野生动物园是一个优
点和缺点都过于突出的动
物园。这个动物园极大，
比北京动物园所在的西城
区还大上不少，是当之无
愧的全中国最大动物园。
园中绝大部分地区保留了
当年牧场的环境，许多展
出的动物放养其间，呈现
半野生的状态。如果有个
熟悉新疆野生动物的朋友
开车带你进去逛，那感觉
不像逛动物园，而是出了
次野外；但另一方面，天
山野生动物园的笼养区存
在很多缺陷，很多动物养
得相当不合理。

天山野生动物园中最好看
的展区，莫过于食草动物散
养区。

在成为动物园之前，这个地方曾经是天山牧场——养羊的地方，本身是一大片草场。园内园外，有水的地方就是一幅塞上江南的景致，没水的地方就是稀草黄沙。

有这样的地理环境，如果能因地制宜，多散养一些本土动物，那自然再好不过了。他们也的确这么做了，园内有一个高山动物区和一个荒漠动物区，是整个动物园的精华。

这两个区域都是食草动物散养区。在这里，你能看到普氏野马悠悠吃草，蒙古野驴在山头发呆，高山兀鹫在它们头上盘旋，偶尔金雕、胡兀鹫或是隼也会在某个山头上飞过，惊动一群群小鸟。

普氏野马

欧洲盘羊

这里有草原。草原当中，一丛丛的芨芨草铺满了地面。大头、黑腿的普氏野马就徘徊在这样的高草地当中。为了让游客能看到它们，饲养员投食料的地方离道路较近。这些普氏野马也不怎么怕人，非常淡定。

但当人路过的时候，高草地当中偶尔会惊出几只黄色的动物，一路小跑奔到旁边的山上，卧在一个个的小坑里。那是欧洲盘羊，外来引入的物种。这种羊的雄性有大角，背上有大白斑。

其实，中国有自己的亚洲盘羊，但很少有动物园养。在中国的动物园里，亚洲盘羊和欧洲盘羊正在重复绿孔雀和蓝孔雀的故事：本土物种消失不见，外来物种鸠占鹊巢。

鹅喉羚是草场中最怕人的大型动物。这一次，我看到了三头。
看到我们慢慢靠近，鹅喉羚转身慢走，露出了白色的屁股，
不时回头观察。

鹅喉羚

这里还养了一些外来的动物，比方说大羊驼。大羊驼来自南美的高原，原产地的环境和新疆的颇为类似。如此在山间游荡的大羊驼，让人恍惚之间仿佛来到了安第斯山脉当中，简直魔幻。

散养区的深处，是高山动物区。这里有泉眼，冒出的清水汇成溪流，造就了一片水草丰美的小河滩。河滩上生活着马鹿、梅花鹿，在更高的岩石上，有北山羊在攀登，这些北山羊难说是野生的还是动物园饲养的。

天山野生动物园我去过两次，一次是2017年夏天，一次是2018年秋天。夏天那一次，我逛到了高山动物区。但后一次，高山

大羊驼

马鹿

动物区封锁了。问了一下，才知道在 2018 年夏天，乌鲁木齐出现了一次比较反常的大暴雨，导致山洪暴发。所以，高山动物区才不让进。

折向笼养动物区，两侧的山谷上有一片灌木林。突然一个身影晃动了一下——一小群带崽的马鹿，看到我们居然发现了它们，这些大家伙有点慌，向两边的森林里散去。马鹿喜欢山林，这里有山，但缺乏乔木林，不过至少灌木林也能提供许多安慰。

带着崽的动物总能给人希望。

要在天山野生动物园的散养区里逛得爽，自驾是必不可缺的。这里的动物们虽然不像纯野生动物那样看到人就跑，但也不会离人太近，所以一定要带个望远镜。在这样的园区里，如果有个懂本地动物的人带着看，会非常过瘾。

可惜的是，这片区域内几乎没有设置任何的科普教育信息，这是一个巨大的缺陷。

天山野生动物园的笼养区却是坏多好少。这儿有养得不错的天山狼，也有生活环境还算不错的雪豹和黑豹。其他的部分多让人难忍。最让人难忍的，是这座动物园的黑猩猩馆。就是在这里，有全中国唯二的倭猩猩。

狼

倭猩猩

这个个体的个头明显比另外两个黑猩猩小，要小大约四分之一到三分之一的样子。

怎么区分倭猩猩和黑猩猩呢？看脸。倭猩猩的头毛很长，而且明显是中分。它们从小到大脸都是全黑的，而黑猩猩小时候是浅色，嘴唇也不一样，倭猩猩的是粉色的。

天山野生动物园的猩猩馆一直有槽点。他们有一头雄性黑猩猩叫加库，是个抽烟喝酒样样会的"流氓"。2017 年我去的时候，他脚下就有一堆烟屁股，还有游客在给他烟。很多年前，就有加库抽烟的新闻了。2018 年前段时间，倭猩猩和其他几头雌性黑猩猩也学会抽烟了。

天山野生动物园和常州淹城野生动物园各有一只倭猩猩。巧合的是，他们都是把倭猩猩当成黑猩猩买回来的，而且过了好久才知道自己捡了漏。

新疆的这只应该是 2014 年和两只雌性黑猩猩一起来的天山野生动物园，现在园方应该知道她的身份了，但依旧和黑猩猩养在一起，而且没有设置任何说明身份的标识、展板。

"老流氓"加库

在一些媒体和大量网友的声讨下，天山野生动物园道歉了，并承诺整改。这一次我去的时候，终于没再看到它们抽烟了。内舍玻璃上的缝隙，也被小心地填了起来。这事儿做得不错。

没想到一出门，猩猩馆的墙上有这么一幅水泥画……理念的落后，有时候真的会限制一个动物园的高度。

让人愤怒的装饰

秦岭野生动物园

秦岭野生动物园处在一块风水宝地上，有山有水，地方足够大，很有潜力。园内的食草动物放养区中有巨大的种群，园方最为骄傲。

这个展区分成亚洲区和非洲区两个部分。亚洲区展示的动物以白唇鹿、马鹿、梅花鹿、黇鹿之类的鹿为主，兼顾羚牛、蒙古野驴之类的动物；非洲区则以角马、斑马、多种羚羊为核心。这两个区域都颇为巨大，土地中原有的起伏沟壑都保留着，地形的多样性较丰富。里面饲养的动物也很多，看着一群又一群的食草动物在其中漫步，颇有震撼之感。

想要到这个巨大的散养区中参观，就得乘坐动物园内的大巴车。问题就来了：好一辆大巴车，在展区内风驰电掣，沿着道路飞奔。两个食草动物展区，再加上狮子、老虎、熊、狼的猛兽散养区，20 分钟就奔完了，完全都不带停的。

大巴车上有自动播放的科普讲解音频。但从这个音频来说，它的质量不错，条理清晰，信息量也足。但问题是，音频是自动播放的，车外的野兽是自由漫步的，在两个食草动物散养区内，音频介绍的物种很难和车窗外的物种对应上。如果车里做介绍的是真人，看着窗外的物种介绍，或是看到什么动物选择相关的解说，就不会出现这样的问题。

角马

银川动物园

银川动物园和兰州动物园是两座传统的中国城市动物园，园子的设计理念和饲养方式，都相对较老。如果要守在城市里，就必须通过一些丰容手段来弥补笼舍的旧和小，通过提升管理和饲养水平在螺蛳壳里做道场。这并非做不到。

但就在这两座动物园中，也还是有一些亮点。

银川动物园中最值得看的是

亚洲盘羊

贺兰山岩羊

草食动物区。这里饲养有六七种大型食草动物，其中，亚洲盘羊、岩羊、马鹿最稀罕。

亚洲盘羊是一种无论在野外还是动物园里都不太常见的羊，从外形上看，头很大，雄性的大角异常威武。盘羊贵为国家二级保护动物，在中国的野外数量不多。在中国动物园当中，可能也就三四家拥有亚洲盘羊。但如果你去查一查"盘羊"，会发现好多地方有，繁育得还不错，这是怎么一回事？引入了不同种的欧洲盘羊呗。

这里的岩羊是贺兰山岩羊，马鹿是阿拉善马鹿，都是分布区域不那么大的本地

阿拉善马鹿幼崽

亚种，在别的动物园较难看到。有这三个物种打底，银川动物园的草食动物区极具地方特色，对于专业的动物爱好者来说颇有魅力。但对于一般人来说，可能未必那么特殊。

草食区的这六七个物种繁殖都不错，基本都带着崽。但受限于场馆水平，它们的行为都并不丰富。再加上地面也不算很合适，盘羊等几个种的蹄甲明显过长了。

银川动物园的场馆设计、丰容都较差。但最糟糕的地方在于这些笼舍都在 2016 年重新修过一遍，没想到修完还是有种二三十年前的感觉。就在这些光秃秃的笼舍当中，狐獴的笼舍异常显眼。这个笼舍有丰容，而且做得相当不错。只看到笼舍下方铺了几十厘米厚的一层沙，沙中埋藏了几根居民楼下水道用的 PVC 管，当作狐獴的行走通道。这样的丰容，明显动了巧心，而且成本肯定不高，因地制宜，颇有特色。银川动物园的饲养员里有高手！

丰容的结果呢？狐獴的行为非常自然。有的个体在挖沙，有的个体在 PVC 管道里钻来钻去，有一个站在沙地唯一的制高点上，立起身子当哨兵。这就是狐獴的自然行为啊！

狐獴的沙地

兰州动物园

兰州动物园里有数种国家一级保护动物值得一看，其中之一便是大鸨。别看大鸨像个火鸡似的，它们其实是广义上的鹤。大鸨的雌雄差异较大：雄的个头较大，可达十多公斤，堪称最肥重飞鸟；而雌鸟个头较小，才重四到五公斤。

大鸨在春季最好看。那时，它们会迁徙到繁殖地，雄性会生出繁殖羽，异常之华丽。几个雄性个体之间，也会发生激烈的比美、战斗，来赢取繁殖的机会。

兰州动物园最值得一看的动物类群是有蹄类。这里的西北有蹄类集得比较齐，光是国家一级保护动物（简称"国一"）就有北山羊、

大鸨

大鸨

羚牛、白唇鹿、西藏野驴、蒙古野驴，梅花鹿也是国一。看记录，这里还养过斑羚，但我去的时候没有看到，不知是不是不在了。

但这些动物园对有蹄类的自然教育、饲养展示都有不足，甚至是很大的不足。兰州动物园是一个老派的动物园，其笼舍基本都是老式的铁栏杆、硬地面、小笼舍，条件相当有限，标牌也就写了名字和简单的介绍，完全没有办法让游客体会到这些动物的神奇和珍贵。

兰州动物园似乎对自己的羚牛颇为重视，用了好几个场馆来饲养，听说这里的羚牛繁育做得还不错。这些羚牛看起来都膀大腰圆，毛色鲜亮，说健康吧

北山羊

蹄甲过长的羚牛

还是挺健康的。但请看上图这头伸懒腰的羚牛，看它的蹄子。这头羚牛的蹄甲都太长了，尤其是左前腿。

地面软硬不合适、动物运动量不够，都会导致蹄甲的磨损过慢，长得太长。这个结构就相当于我们人类的鞋，太长就不合脚，运动起来就难受，进而会进入恶性循环。可以说，蹄甲正不正常，是动物园里有蹄类尤其是牛科动物养得好不好的标志之一。

兰州动物园里养得最差的莫过于中型猛兽。这里有豹、黑化美洲豹、斑鬣狗、狼，曾经还有猞猁，但都关在老式的狭小铁笼当中。笼舍太小、环境单调，动物的行为就单调。全开放的铁笼，加上了密集的铁丝网，来保护游客兼防投喂，却无法挡住部分游客的吼叫、干扰，这会让动物们紧张。

这不由得让我想起了奥地利诗人里尔克的诗作《豹》（译者：冯至）：

它的目光被那走不完的铁栏，
缠得这般疲倦，什么也不能
收留。

它好像只有千条的铁栏杆，
千条的铁栏后便没有宇宙。

强韧的脚步迈着柔软的步容，

铁笼中的豹

步容在这极小的圈中旋转，
仿佛力之舞围绕着一个中心，
在中心一个伟大的意志昏眩。

只有时眼帘无声地撩起。
于是有一幅图像浸入，
通过四肢紧张的静寂，
在心中化为乌有。

这简直就是我在此地看到
的场景。

这首诗是 1903 年里尔克在巴黎植物园中的所见。100 多年过去了，西方的动物园早已发展为现代动物园，诗中场景再难见到。但在我们这里，许多动物园的笼舍依旧是这样。好在近些年，国内一些动物园已经开始觉醒，开始摒弃老一套。更多富裕了的中国人出了国，看到了许多国外的优秀动物园，见到好的展区是什么样的。这样的老一套，会渐渐被越来越多的中国人抨击和抵制。

老式的动物园们，也得为自己想一想未来该如何了。

North China

华北的动物园

在我 2018 年的中国动物园之旅中，华北地区是遗憾最多的地方：太原动物园关门翻新，导致山西成了我唯一漏掉没去的省份；内蒙的呼和浩特大青山野生动物园猛兽区在维修，导致我也只去了一半。所以，在这本书的上一个版本中，缺失了这部分内容。好在，这些地方终于还是开门见客了。因此，在 2021 年的这一次小更新中，我加入了这两座动物园的补充，特此说明。

另外，北京动物园已经在前文中有较为详尽的介绍了，此部分也按过不表。

天津动物园

不算北京动物园，华北地区水准最高的动物园是刚翻新过的天津动物园。

五六年前我去过一次天津动物园，当时我对这个园印象很不好。那是一个料峭的初春，怕冷的动物被关在阴暗、狭小、无聊的内舍，只见一头大象在疯狂地摇头，它对面的几个小孩看了兴奋不已，照着相同的频率摇自己的脑袋。

但这样的场景，在更新之后几乎消失了。

加大，是这场翻新的核心之一。和我一起参观的是天津人"夜来香"老师，他也是一位动物园爱好者，

象展区

不时会来天津动物园。据他观察，很多场馆的外舍向外扩了一两米，留了更多区域给动物。这很明显是以动物为本的好举措。

当然，更新——肯定不能只是大而已。天津动物园的一些新场馆，有不少很机敏的小设计。我们来看大象新外场中的这一根柱子，这可不是一般的木桩子。

咱们甭管哪种动物，皮都会痒痒。大象没有手可以挠，鼻子也碰不到后半边身体，咋办呢？在野外，找棵树来蹭蹭就可以了。但在动物园里，这可就麻烦了。你见过大象的

真大雨老师的草图

场馆里有树吗？我反正没咋见过。因为就算一开始有树，也马上会被推土机一样的大象给毁掉。大象每天对着一棵树蹭，北美巨杉也能给蹭死了。

那能不能用水泥桩代替？可以是可以，但水泥桩子冷冰冰的，蹭起来还没有弹性，和树完全不一样，那大象就不爽，也不自然。所以，北京动物园的真大雨老师和其团队，设计、制造了一种能够模拟树，又方便维修、更换的痒痒挠。它的基部是一个坚固的凹槽，里面嵌入了数个轮胎，树干就插在轮胎里面，然后做好固定防止它被拔出来。大象蹭上去，这个痒痒挠就会像（要被摇死了的）真树一样晃动。

白犀牛

实践证明，大象还是很爱这个痒痒挠的。

这次能在天津动物园里看到一个相同设计的痒痒挠，实在是非常欣慰，期待之后能看到大象拿它开心开心。新的场馆如果没有新的设计来提升动物福利，那比修旧如旧好不了太多，实在是没有什么意义。大家如果对这个痒痒挠有兴趣，可以仔细看看它的设计和建造有多暖心。

天津动物园的大中型食草动物场馆，已经基本改造完毕了。

大象、河马的新外舍在进行最后的施工，长颈鹿、犀牛已经在新操场上撒起了欢。尤其要说说新的犀牛外场，这个外场加大了面积，让犀牛能够撒腿跑步，还通过某种方式让外场的一个角落淤积了水，形成了一角烂泥潭，但其他的部分还是干燥的。这样，喜欢滚烂泥的犀牛又能滚到烂泥，又能在干燥的区域撒欢。这样的场馆，不但能让我们看到物种，还能仔细观察动物的自然行为，这才有意思。

但相比这些大型动物的外场，我更喜欢天津动物园改造好不久的小型动物区。

大概是因为场馆不用做那么大，这个区域看起来精巧得多。就拿狐獴的展区来说吧，这个小展区就几十平方米，地面是松软、干燥的泥土，内部有不少灌木丛和特意种植的低矮植物，但密度又不是特别高。这样的环境，颇为适合丁满（电影《狮子王》中的一只狐獴）们的生活。

正在观察四周的狐獴

狐獴最有意思的还是它们的社交。这种群居动物，喜好打洞刨土，一大家子生活在地下，但又会到地面上进食。在天津动物园的这个狐獴展区，你可以看到一大群狐獴正在急急忙忙、心焦火燎地跑来跑去或者在打洞，然后有几只立起身子，观察周围是否有敌人——这是群体里的哨兵。

狐獴幼崽

天津动物园的狐獴刚刚繁殖，好几只巴掌大的小家伙也跟出巢，急急忙忙、心焦火燎地扒拉土。然而，它们稚嫩的小爪子没有什么力气，怎么扒拉都没啥效果，但又本能地要扒拉，小小年纪就在准备接过生活的重担，十分努力呢。

天津动物园的狐獴没有什么天敌，毕竟城市里猛禽不多，这片区域也没有大群的乌鸦。说到乌鸦，它们和各种鹭，都是中国北方动物园内的恶霸。这些凶猛的野鸟，常常会去捕捉动物园里小型动物的幼崽，或者抢饲养员放出去的食物，真是气人……

长耳豚鼠

但这么好的一个狐獴笼舍，却有一个巨大的漏洞：玻璃幕墙太矮了，上面还没有顶。这就会导致一个极其糟糕的结果——投喂。如此场景，我不描述，你们应该也能想象得到。

还好狐獴的展区是小型动物区的一个特例，其他的展区有顶。在这片区域内，你可以看到耳廓狐等动物园里常见的动物，还能见到臭鼬、长耳豚鼠这样稍显少见的家伙。就拿这种豚鼠来说吧，美洲大陆有蹄类比较少，所以啮齿类占领了它们空下来的生态位，有不少大型化的物种。长耳豚鼠比兔子大上不少，耳朵长、腿长能奔跑，可以说是潘帕斯高原上的小

型"一个驴"。

一个秋日，我在天津动物园里看到了不少幼崽。在灵长动物区中，有一只刚刚变色的小白颊长臂猿。

看，就是这个小家伙。白颊长臂猿所属的冠长臂猿属动物，有很稳定的变

变色中的长臂猿幼崽和妈妈

色机制——这种变色不是变色龙那样随环境的变化快速变色，而是随着年龄增长而改变。刚生下来的时候，它们是浅黄色的，长大了一点会变成黑色，如果是雄性就一直黑下去，雌性在性成熟时会变成浅褐色。上面这个小家伙刚刚由黄转黑，你看它的脑袋毛，还有一部分是黄色的。

天津动物园的长臂猿展区不大，但设计得很巧，内部有密集的小树增添了绿意，而复杂的爬架和笼顶垂下的绳索又能让长臂猿展示林间攀荡的绝技。我在入园的时候，远远听到了它们的歌声，这些小家伙应该过得不错。

天津动物园的大兴土木是一场改革，从改好的部分看其实相当不错，希望不要停。另外，动物园的改造不光涉及硬件，还需要软件的提升。在这方面，天津动物园也需要多努力。

石家庄动物园

河北的石家庄，雅号"国际庄"。那里的石家庄动物园，也有不少特别洋气、特别国际的地方。

石家庄动物园最优秀的地方是它展示的物种——它的头牌是豺。

之前在好几个动物园的介绍里，我都说过豺的事儿。但只有到了石家庄动物园，我才算是把豺给拍过瘾了。这里的豺舍位于狮虎谷当中，是一片巨大的谷地。豺们拥有一整面山坡，山坡中绿树成荫，地形起伏，宽数百米。但是矫健的豺，只需要十几秒就可以飞奔上山，横穿展区。站在廊道上的我都跟不上。

豺

2018 年年初的时候，石家庄动物园曾公布过一个数字：他们拥有整整 16 只豺，并且还在繁殖。从各方汇聚的数量上看，这是全中国动物园中最大的一个豺群。豺作为"豺狼虎豹"之首，曾在全中国都很常见。但随着人类的数量越来越多，豺的生存现状越来越差，它们现在远比狼更稀有。全中国的野外，大概只有甘肃和云南还有一些野生豺。就算是动物园，大概也只有 10 个左右的动物园拥有豺了，并且大多只有零星一两只，状态也不好。

去之前，我曾异常期待这里的大豺群，想在山谷当中看到它们欢闹。来了之

豺

后，才发现对外展出的豺并不多，我只在山谷中看到了3只，其他的应该在后台安心繁殖，于是大失所望。但饶是如此，这里的豺，可能依旧是全国最适合看的。

豺这种动物非常"絮叨"，它们是犬科动物当中语言演化得最丰富的一个物种。它们能用至少十种类型的叫声彼此沟通。更好玩的是，豺的叫声有点像鸟叫——并且有时候像嘤嘤嘤的小鸣禽，有时候嘎嘎嘎起来像粗犷泼辣的犀鸟，多样性极高。

我在石家庄动物园里听到的叫声种类只有一点，不多。等了一个多小时，听到了它们咕咕咕地叫，非常有趣，如果不是看到它

们在叫，我还真以为会是
只鸟。

石家庄动物园展示的这几
只豺，似乎都不是最强壮
的个体。它们的尾巴都受
了严重的伤，有一只彻底
没有了，体侧还有伤口。
我猜，这几个个体大概是
没法做繁殖的老弱病残，
只好放在展区里给游客
看？可能正是因为这个原
因，这几个个体的行为也
不算丰富，甚至有一只不
停地绕圈追自己（残缺）
的尾巴，似乎是有过心理
创伤。

豺的另一个看点是它们超
强的跳跃能力。我曾在微
博上发过一段视频，北京
动物园的豺看到饲养员要
投食了，兴奋地在笼子角
的墙壁上跳来跳去，跟跑

豺

豺

酷一般。石家庄的豺展区有山地，有石头，只要愿意等，
就可以看到它们矫健的身姿。不过我去的时候水池没有放
水，没有看到豺游泳。

石家庄动物园内还有一大类国内动物园很少展出的动物，那就是——昆虫。

石家庄动物园的科普馆中，有一个特别系统的昆虫展。这个展似乎是以昆虫学教材为根骨，利用图片和文字辅以标本，标本的量还不小，分门别类地介绍了各种昆虫。标本中有很多来自河北大学，应该是两家单位合作做出的展览。

当你真的见识到了昆虫的神奇，对它们的恐惧便会一点点消失。就说下面这一种，"黄裳薄翅悲蜡蝉"，这个名字像一句诗，样子也像蝴蝶一样好看。是的，蝉这一类昆虫的多样性很高，有不少种类特别美丽。

无论按种类还是生物量，虫子都远大于鸟兽。许多动物园忽略了虫子的做法其实非常糟糕。国际庄不愧为国际庄，展昆虫这事儿做得特别国际。

石家庄动物园物种的不俗，弥漫在许多展区中，大家去的时候，不妨拿它和一些野生动物园进行比较，找一找不同。

大青山野生动物园

呼和浩特的大青山野生动物园占地 820 公顷，号称华北最
大的野生动物园。

按一般动物园的规划，大青山野生动物园还在开放的这个
区域是笼养区。进去没多久，我就看到这样一个笼舍：外
场巨大，有近千平。场内有水池，有草地，有爬架，有小树。
这要搁别的动物园，是个可以养猩猩的配置。

大青山野生动物园开阔的场地

那么，这里养着什么动物呢？

浣……浣熊？

是的，这么大地方，养着浣熊。大青山野生动物园占地
820 公顷，有差不多 10 个北京动物园那么大。这个大小
在全国范围内其实也不算特别夸张。但逛完这一圈，我发
现这地方大得厉害，因为绝大多数场馆，都像上面这座浣
熊馆一样，比国内一般动物园要大上一两圈。要知道，地
拿到手就不花钱了，建场馆是要花钱的，越大越贵。所以
有些占地面积巨大的动物园，反而不太舍得把场馆做大。

场馆单纯地做大也容易，能否做得巧？我们来看看大青山野生动物园的猴山吧。大青山野生动物园为猕猴和藏酋猴建造了几座大型猴山。最高的一座应该有十多米高，占地千平方米。

山下有巨大的运动场，场里有爬架、丰容玩具。活动场和人行道之间是一堵玻璃幕墙，幕墙稍显不够高，没法完全挡住投喂。而猴子们就住在山的四周，有的猴比较活跃，在山石上来来回回跑着玩。

那么，这么大一座猴山，是实心的吗？不是，是空心的，里面还有用。

猴山

中空猴山内部的标本

两座大山，一座的内部是猴子的内舍，另一座内部是标本室。人们通过透明的玻璃步道进入猴山，一路上可以看到活动场里的猴、山上的猴、内舍的猴和标本室。这样的游览方式颇为有趣。

地方大就是好。

地方大确实是好。我在这儿看了半天猴子：普通的猕猴家族繁盛，许多母猴带着崽。它们玩得特别疯，在场地内跑过来跑过去，看着特别热闹。

另一边的藏酋猴，个头大，似乎心也宽，行为恬静许多。几只壮硕的公猴端坐在假山上，看起来是猴王及其随从。其中一只上唇豁了个口，不知是天生的还是打架打的。这个个体身形极壮，毛发特别蓬松。很多灵长类在群体里占据有利的地位后，毛发都会在大脑或是激素的控制下立起来，让自己看起来更大个。这个个体就应是如此。

突然有个不讲规矩的人扔了个果子进运动场，山下的猴子抢得打起来。山上的大公猴们迅速又小心地爬下了山，瞪了几眼，迅速恢复了秩序。这样的行为多有趣。

大青山野生动物园笼养区的笼舍足够大，也有一些比较巧妙的设计。但如果仔细一看，有些细节还是有点粗糙。

举个例子，这里的小型食肉动物区阵容比较好看。按展示牌上的信息来算，这里有沙狐、赤狐、北极狐、果子狸、猪獾。其中，沙狐算是在中国动物园里很难见到的物种。

藏酋猴

猴妈和宝宝们

但是仔细一看呢，这个"沙狐"好像不是很对。沙狐这种狐狸，生活在草原和半沙漠的环境里，体色比较浅，腿比较短。这个个体的照片，我发到一个专家群里之后，大家偏向于认为是赤狐，顶多算有沙狐的血统。

但它还是很好看，啊，狐狸都很好看。

但它们的笼舍就不够好看了。这几个笼舍的基础很好，虽然不像浣熊展区那样大得过分，但依旧比一般动物园养狐狸的地方大，还是沙土地面，几种小型食肉动物都可以随便刨。但是，这几个笼舍都是四面透光、中无遮挡。这样的小型猎食者内心都比较敏感，这样开阔的视线会

赤狐

让它们躲无可躲，心理压力就大。心理压力一大，身体和
行为就会不太正常。

要解决这个问题也很简单，中间栽一点植物，或者用树枝、
木头搭成一堆，再往里面撒上种子，做成本杰士堆 *，就
能解决问题。原有的笼舍大，再丰容的余地也就大。所以
地方大真是好。

* 本杰士堆是一种丰容工具。它看起来是一堆石头或是树枝，但又不仅如此。对于笼舍里的大型动物来说，本杰
士堆可以作为遮蔽物，避开游人的直视；同时，它又可以给堆内的植物乃至小型野生动物（例如鸟和鼠）提供遮蔽。
可以说，本杰士堆不是死的木石堆，而是一个有生命的小生态。

2020 年的 10 月，我再一次前往大青山野生动物园。这一次，他们的猛兽区终于开放了。逛了这个展区，我的第一感觉还是大。

有多大呢？我们来感受一下这座动物园的狼展区。

大青山的猛兽区在园区深处的山上，占了一个山头两个山谷。要上山，就得走栈道。上了栈道的第一个展区，就是狼展区。曲曲折折有个小一百米的栈道两侧，各向山谷延伸了二三十米，两侧都是土坡，土坡上有的地方是秃的，有的地方有石头，

有的地方有灌木，有的地方有树林。这地方不光大，丰富程度还很不错。

大约 10 只的一群狼，就在这个小山谷里四处奔跑、玩耍。不同的地形，它们呈现出来完全不一样的状态。茂盛的树林，可以给狼提供遮蔽；灌木丛中长着不少沙枣树，这季节正是成熟时期，不知道狼吃不吃；山坡上的石头，狼就得想办法跳跃或是攀爬上去；光秃秃的土坡，也不是白给，很多地方，有狼自己打的洞。狼就是爱打洞，打完自己能待进去。

如果地方足够大，很多缺点就会被掩盖。这片展区里有放丰容玩具吗？没有，也不需要，这么大这么丰富的环境，狼自己会给自己找事儿做。展区里的科

普做得好吗？不好，连牌子都基本看不到。但是，如此环境下狼的丰富行为，就足够人好好看一阵了。

甚至投喂，也都因为地方足够大，而没有那么大的影响。

还是得说一下投喂的事儿，这其实是栈道造成的。

我不是很喜欢动物展区上空凌空而过的栈道。在我看来，这种游览方式有三个问题：1. 高高凌驾于动物之上，容易让人心生傲慢；2. 如果仅有上方这一个参观面，那参观角度是有问题的，只能看个背，并不利于观察；3. 栈道的投喂问题很麻烦。

大青山的整个猛兽区，这三个问题都有。第一个问题不说了。

第二个问题有点儿严重。要解决参观角度单调的问题，可以在栈道上设一个下沉的参观位点，大青山的栈道上我只看到一个，下去后视野非常差，周围一圈儿柱子，玻璃也不干净，没法看。还好这儿的山高高低低，还能提供一点平视的角度。至于第三个问题，可以通过把栈道彻底封闭起来，以不给人投喂的机会来解决。大青山的栈道是全开放的。我观察了一下，栈道附近的垃圾还是不少，说明扔东西的人还是有。

不过，我倒是没观察到各种动物来乞食，这大概还是和地方大有关。

地方大，可以无限大下去吗？当然不可能。太大了没法管理，也对游客参观不利，并且还需要钱来建啊是不是。大，总是有个头的。大青山的虎展区，看起来就是大到头了。

是个什么状况呢？这里的虎展区，不比狼展区小。但问题是，虎比狼大很多，还不是群居，如果一大群一起养，很容易出问题。我数了数，大青山放在外面展的老虎，大概有六七头。这些老虎应该是分成了两组，轮流到大展区来生活。没轮到的那一组，当天就只能待在小展区里了。

小展区是真不够大，也很不丰富，动物在里面那个无所事事呀……

比较糟心的是，尽管这个虎的大展区比较大，但其中生活

熊展区山坡上的洞

的两头老虎，还是出现了刻板行为，在展区边缘来回踱步。这说明什么呢？对于老虎来说，单纯的大环境，并不一定能让它们的行为更加丰富，过得更开心。除了大，还需要有些别的。

换句话说，动物园的展区大到一定程度之后，继续增大所能带来的好处就越来越少。甚至，还有可能带来一些问题。

可能会有什么问题呢？我们来看看大青山的熊展区。

这个熊展区里，养的是棕熊。棕熊有两群，一群颜色深到黑，应该是乌苏里黑熊；一群脖子上有白围脖，那是藏马熊。这两群熊晚上待的笼舍是分开的，

看起来也会分开往外放。这是个很好的操作，亚种不混血统是应该的。

和狼展区一样，这个熊展区的山坡上，也出现了洞，应该也是熊打的。熊会进去冬眠吗？在以前的文章里，我说过动物园如果能展示熊冬眠，那很高级。但是，如果熊随便打个洞，进去趴着睡一个冬天，那就不高级了，甚至是个巨大的难题。

为啥这么说呢？你们想一想，在这样的养了很多个个体的环境里，如果熊自己打了个洞，进去不出来了，会有什么样的结果？熊在洞里面，你知道它到底出不出来？既然不能确认熊出不出来，那么，人就别想进展区了——铲屎无所谓，这么大的土地根本不需要铲，但是，如果要做点小工程呢，如果要搞一些丰容设施呢？

这样的大，几乎就是放弃了精细管理的大。在这样的环境里，有的动物可以展现出很好的状态，例如狼。但有的动物并不行。

除了给动物状态带来影响，对于游客来说，这个猛兽区也有一些影响体验的地方。例如，栈道太长，半截处需要不停地往上爬，对人的体力有一定的要求，更别提没有无障碍通道的事儿了。

另外，我不止听到一个人抱怨，说这个区域内动物太少，走得累得要死，但看不到什么动物。其实，我并不认为这里动物个体数量少。但我的确觉得，如果有更精细的管理，更好的引导，更多的正强化行为训练和饲养员与动物的互动，动物能展示得更漂亮一些，会大大增加游客的观赏体验。

一个动物园，总不能爬山的体验比看动物的体验更好是不是。

所以，光是大可不行呀。

太原动物园

太原动物园的改造，是中国动物园行业的一个大事。近二十年来，拆掉市区动物园搬到郊区改建野生动物园常见，原地整体改造罕有。更何况，这座新动物园的造价不菲。据媒体报道，给新太原动物园做设计的设计师留过洋，学过欧洲的先进经验。这就让人更期待了。

那么，改造后的太原动物园如何？

太原动物园的改造，有相当大一部分是扩容。新建的馆舍当中，有相当一部分异常宽阔。大体上说，这是个好事。

河马展区的内运动场

典型的例子就是河马展区。目前，这个展区的外运动场还没建好，河马只能待在内运动场。如果你去看了这个内运动场，会发现这个地方竟然比很多动物园的外运动场还要大，河马如果往广阔的水面下一躲，游客都未必能找得到。就更不提室外运动场了，虽没建好，但面积之大一眼可见，还能看到硬化的水池呈现蜿蜒的河流样貌。让人十分震撼。

大得惊人的，可不只一个河马馆。这个场馆所在的大型动物展区，囊括了大象、河马、犀牛、长颈鹿，所有的场馆都很大。尤其是象馆，室内展区建在两个低缓的小土包当中，内部又大又高采光还好，每一头大象在室内都能拥有很多动物园大象室外展区的空间，没有建好的外运动场在国内也堪称巨无霸。

如果只说建筑设计，这几个大场馆还不错，至少是好看。但是，动物园并非只是由建筑构成的，房子修得再好，不适合动物使用，那还是有问题。就说这象馆的内展区，不仅大，而且采光还不错，后方的训练墙更是先进异常，堪称点睛之笔；但是，这大而秃的水泥地，是不是空了点呢？

隔壁长颈鹿的室内展区，要比大象好一些。不过它的地面是硬土的底，这在

象馆内展区

国内的动物园室内展区中罕见。但也就如此了。

太原是个北方城市，大概一年有半年动物出不了室外，因此，动物在冷天居住的室内展区，需要好好设计才行，要不然就得受罪半年，更别提什么自然行为展示了。

前面说了大，咱们再来说说小。太原动物园有一个新场馆，让我感觉明显是有点小。这个场馆是熊猫馆。

因为很多大家能理解的原因，任何一座动物园，熊猫居住的地方都是重中之重，没有例外。太原动物园给熊猫新建的场馆，一看就是花了不少钱，甚至花了心思设计的，整座建筑有着平滑的线条，游客可以走近室内，平视熊猫，还能走上屋顶，俯瞰下方的展区。

这么一说，听起来很好对不对？但你只要到现场一看，就

会发现，他们建了一个现代化的熊坑：熊猫的外运动场，深陷在屋顶之下，游客们只要爬上屋顶，就能围着下方的坑看动物。外部建筑再好看再好看，但这还是个过时的坑式展示。

坑式展示，是很古老的一种展陈方法，动物生活在下陷的活动场里，人在周围的高处看。这样的展区，有三个问题：1. 环境单调，动物无聊；2. 视野太开阔，动物压力大；3. 俯视让人傲慢，挡不住投喂。

这个新展区中，倒是有点爬架，可以说不是那么的单调，那剩下两条咋办呢？这标准的 360° 环视，太有利于投喂了，光为了建筑好看，忽视展视效果就得不偿失了。

更别提这运动场面积了。按熊猫场馆的设计规范，外运动场的面积下限是一只熊猫不低于 300 平米。这面积肯定是过线了，但也大不了多少。如今这个年代，国内新修的熊猫场馆，基本都是往大了修，太原动物园不缺地也不缺钱，却修得这么小，这明显是设计思路出了问题。

太原动物园还有一些场馆，看起来是初始设计没有问题，但是在后期的施工当中，搞出来了一些莫名其妙的东西。这就得说猛兽散养区的大水池了。

太原动物园的猛兽散养区，一边是步行道，一边是车行道。靠近步行道的一侧，是一长条比游客参观面低很多的大水池，也有点坑式展示的感觉。但这水池特别好，熊啊、老虎啊跳下去洗澡、玩水肯定特别好。等一等，水池和上方的土地，怎么被电草隔开了？电草是接通脉冲电流的围栏，就是为了隔开动物的。这么一装，动物就下不了水了。

怎么讲呢，这个装了水的

结构，我真不知道该叫它什么。你说叫水池吧，动物又下不来无法亲水；你说这是个隔离壕沟吧，它又太大、太浪费水了。从后方没有建好的部分看，这个结构有平缓的边坡适合动物下水、上岸，水也并不算深，很明显是往水池这方向建的。但为何又种了电草？我实在是想问问做出加电草决策的人，你到底是怎么想的？怕动物淹死了，还是怕水脏得太快？

动物园就是这样，建筑设计得好看，或者是单纯增加面积，并不一定能让动物住得舒服。真正的讲究都在细节里。我

再举一个鸳鸯场馆的例子。

大体上，这场馆是个大的软网鸟笼，有一个向笼内伸入的观景台，里面是玻璃观察面。后方两排高处的树洞，看起来是给鸳鸯的巢，鸳鸯是树鸭，繁殖用的巢放树上就挺好。这些设想都挺好。但是，里面动物的状态不太对。

这个场馆内不只喂了鸳鸯，还有疣鼻天鹅。天鹅比鸳鸯大很多，这两种动物存在对领地的竞争。从现场看，天鹅把两块比较大的陆地占领了，鸳鸯呢，只要不下水，就基本窝在灌丛和硬质堤岸之间的小块土地上了。

一个水禽的饲养区域，水面很重要，陆地也很重要。水鸟再喜水也是鸟，是要回地上的，日常的饲养、生活、管理，乃至繁殖，都得上地。这个展区的问题就在于可供水鸟使用的土地面积不够，并且没有考虑混养的干扰。混养两种会互相影响的水鸟，得给双方都准备好足够的地盘，并且要尽量利用二者体型、行为、习性上的差异，构建出弱势物种好用，强势物种会被挡在外面或者用着不舒服的区域，来保证弱势物种的福利。

但好玩的是，你说这鸳鸯展馆内的土地不够用，游客参观面前面还空了一块地儿，根本就没有鸟上去。这是咋回事呢？不知道是设计还是建造的问题，这一块地面的坡岸角度太陡。

水鸟上岸是走的，不是飞的，太陆的岸上不去。

相对来说，鸳鸯展馆的问题可以靠后期修改解决；猛兽散养区的电草去掉了，水池还能用；至于熊猫馆建，我是真不知道能咋办了。

但最让人手足无措的当属秃鹫展馆。

猛禽笼舍里的架子，是栖架，让鸟站着用的，这玩意就是够用、能站就行。做这么大这么复杂的铁架子，横七竖八的，里面养的还是这么大一鸟，不影响鸟飞啊？这其实是给猴子做的吧？更何况用的还是铁管，天热了太阳一晒就烫脚，啥动物都不喜欢。

这是劲儿使错了方向，还使大了。

在这个更新版截稿的时候，太原动物园虽然已经正式开门营业，但它的改造其实还没有完成，还有大量的展区没有建好，展出的动物也没有引进全。在这个阶段，能看到太原动物园存在很多问题，这些问题有设计不合理，有细节不到位，也有饲养管理没做好。

其实，自太原动物园开始改造至今，也只过去了不到三年的时间，中间还经历了前所未有的疫情干扰。规模这么大的工程，赶着做完开了门，暴露出问题也是正常的。现在整改还有时间。

Central China

华中的动物园

从华北往南走，就是华中地区。

自古以来，华中地区就是人口稠密的地区，这就意味着这里的原生动物没有那么多。相对于西北、西南这些多样性高的区域，华中动物园的本土物种没有那么多。和华东、华南这样经济更发达也更开放的地区相比，华中动物园的设计思路也不够新。总体而言，呈现出一种不差但又不够精彩的状态。说好听点，我们大概能安慰自己这是中庸。

郑州动物园

三个华中城市的动物园当中，我逛得最开心的是郑州动物园。如果你在网络上搜一搜这个动物园，大概翻不了几页，就可以看到一个"讨地事件"。2010 年，一些动物园的老职工，抬着包括老虎、狮子在内的一些动物，把隔壁的河南省自行车现代五项运动管理中心给堵了。原来，建园之初，动物园借了 50 亩地给体育局搞赛事，结果后来借了就拿不回来了。老职工们一时激愤，出了这个下策。

尼寇

50 亩地说大也不大，也就 5 个足球场大小。如果是某个家大业大的野生动物园，这块地顶多算个零头。但即使有这块地，郑州动物园只有 430 亩的面积，才是北京动物园的三分之一大。这在全国的城市动物园中都算相当小。

然而，就在这么小的一块地皮中，郑州动物园的规划者往里面塞了大大小小许多笼舍。经过近些年的改造，很多笼舍颇为精致，也颇有一些看点。

郑州动物园当之无愧的一哥，自然是银背大猩猩尼寇。大猩猩在中国特别罕见，只有三个动物园有。郑州的尼寇更是一个传奇：

尼寇

他是中国繁殖出的第一位大猩猩。

尼寇 1982 年出生在北京动物园，他的爸爸叫尼奥尔，妈妈叫阿寇，所以他叫尼寇。1985 年，郑州动物园斥巨资将它买回，就此成为了这里的头牌明星。但因为某种原因，或许是小时候营养没跟上，尼寇的发育不是很好，个头不大，和济南的威利、上海的博罗曼一比，雄风稍弱。

他还是中国第一个接受白内障手术的大猩猩。1997 年，人们发现尼寇出现了严重的白内障，几乎失明。在很多医治人眼的专家的会诊下，园方决定给尼寇做手术，去除眼中的白内障并植入晶体。这个手术，最困难的部分是麻醉，量实在不好控制。手术快结束的时候，尼寇突然坐了起来，那可把大家给吓死了。最终手术还是成功了，此事轰动全国，我记得小时候都看过这个新闻。

年轻的时候，尼寇是个"小流氓"：他特别喜欢吓唬小孩儿，常常突然跳起来把身体砸到玻璃上，让人吓一跳。年纪大了之后，他这么玩得少了。不过，我去看他的时候，这货连着两次砸了玻璃，把我给吓得……转头一看，尼寇在玻璃的另一侧好像还挺高兴！这个混蛋啊！

不过这大概说明尼寇觉得我很年轻，还是个小孩儿，可以吓一吓玩玩了。

尼寇的展区并不算差，但

这环境说真的，完全无法抹平没有同类的孤独。不过，能够凑齐一家子大猩猩的中国动物园，目前只有上海动物园和台北动物园。它们还是太稀缺了……

郑州动物园不只有尼寇一个明星，园内还有一位元老，便是大象巴布。巴布的命运比较坎坷，20 世纪 80 年代，森林公安在查处一个非法表演时把它给救了下来，起初安置在武汉动物园，后来来了郑州。但在郑州，大概因为想讨好住在隔壁笼舍的女友，巴布前脚踩在栏杆上，把鼻子伸出了头顶上的一个窗户。结果窗户偏偏这时候关上了，鼻子被夹住，最后硬生生地断了 40 厘米。

尼寇

巴布

园方也展开了急救，花了 13 个小时，终于把它的鼻子给接了上去。没想到，麻醉一过，巴布就把接好的鼻子里脆弱的血管给甩断了，最终只能截去。

大象鼻子少了一截，相当于人类没有了手。巴布的生活艰辛了很多。喝水，它需要饲养员用水管滋；吃饭，它学会了用前脚帮忙。但这个强壮又聪慧的大家伙，依旧坚强地活到了现在，熬过了妻子的死亡，耐住了身体的残疾。真是一个坚强的大家伙。

除了这些老伙计之外，郑州动物园还有一些新秀。

他们的食草动物区里，有一大片土地混养着马鹿、梅花鹿、黇鹿、盘羊和蛮羊。这个场馆很有意思，建造者把地面造得起起伏伏、坑坑洼洼，这就模仿了山地。在这个场馆里，有一头特别巨大的马鹿。

这头马鹿有多大呢？第一眼看到它的时候，我还以为郑州市动物园养了一头驼鹿，仔细拍了几张问了一下，才相信这是一头马鹿。吃饲料的时候，它的身边站了一群雌性梅花鹿，这些"小家伙"无论是肩高还是体长都只有它的一半。稍大的雄性梅花鹿不知道是不是因为妒忌，走过来挑衅，结果被这个大家伙甩了两下头，就给撑跑了。

如果这头大马鹿的角没有被锯掉，那该多么壮丽啊！

大马鹿

郑州动物园新修的这一批场馆，颇有一些漂亮的设计。我印象最深的地方有两个。

一个是大食蚁兽馆。这个馆的内外舍丰容做得都很漂亮，地方还不小。但这个馆还有提升的余地：一方面，内舍的地面可以铺上垫材，不要让食蚁兽直接踩在水泥地上，这对它脚爪不好；一方面，可以参考台北动物园的穿山甲馆，做一个透明的取食器，让游客能够看到食蚁兽的长舌头，这样就会变得特别精彩。

另一个是鸟馆。郑州动物园的大混养鸟笼中，最有特色的动物是东方白鹳这种中国特有的国家一级保护动物，在野外，东方白鹳的生存受到了极大的威

大食蚁兽

胁。郑州动物园的东方白鹳应该繁殖得很好，我至少看到了 10 只。园方在鸟笼里给东方白鹳建了几棵人造高树，在高树上搭建了一个人工巢。在自然环境下，这种鸟类的巢和这个就差不多，这个设计非常漂亮。

整个郑州动物园的防投喂设计做得也不错，他们宁可牺牲一点展区面积，修建了双层护栏。很多双层护栏之间的空间里还种上树篱。这样一来，这里的动物和游客之间要么隔着玻璃，要么就是至少一米多的隔离带。尽管无法彻底避免投喂，但也能够免去大部分的不自觉行为了。于是，这里的动物行为都较为正常。

这样一个小动物园，粗略逛一圈只要一个多小时，加之布展紧凑，在里面也不用走太多的路。但是，我在这儿逛得比较开心，逛了好久。这里有满身故事的动物明星，光是它们的存在就会让我们觉得神奇和感动；这里的笼舍平均水平较高，也不缺乏亮点。

东方白鹳和它们的巢

长沙生态动物园

长沙生态动物园是一座从城里搬到郊区的野生动物园。虎、豹可以说是长沙生态动物园的一大特色，数量很多，展区很大，在地图上有浓墨重彩的一笔。这儿的虎展区不小也不差，有爬架，有草地，有的场馆里草还挺高，老虎能藏在下面。但问题是，这儿的老虎实在是太多了，不小的场馆那么一挤，也显得小了。

华南虎

相对于大型的狮虎，这儿的豹养得更好。

中国动物园的豹普遍养得不太好，没别的原因，就是不重视，在很多地方，豹或者美洲豹混得还不如小好几号的狞猫和薮（sǒu）猫，实在是让人唏嘘。大多数中国动物园的豹舍会采用全包围式的设计，上方也会有铁笼或者水泥顶，因为豹擅长爬高。

长沙生态动物园的豹舍就不一样。步行区的 5 个豹舍，都不比虎舍小多少，上方没有封闭，四周的铁栏和水泥墙很高，还有倒扣的电网，豹子逃是逃不出去的。豹舍内有爬架，这个爬架只有单层，并不先进。

豹舍中的柚子树

黑化花豹

好看的是笼舍里的树。这 5 个豹舍，有 4 个里面各有一棵大树。树也不算高，比笼子四壁高一点，但树冠都很广阔，立在笼舍中间，亭亭如盖。

这样的大树，在豹舍中实现了两个作用：

首先，可以当作遮蔽物。豹是胆小而神经质的，在太过开阔的笼舍里，有很多游人围观就会紧张。有棵大树，就能找到遮挡视线的地方。说到遮挡视线，这些豹舍的游客观察面是一排玻璃幕墙，但几块玻璃中总有一块贴满了科普彩图，这显然也起到遮蔽视线的作用。

其次，这可是天然的大爬

客串遮挡的科普贴纸

架啊！这样已经长成了的树，豹子往上爬也不会把树玩死，上层的树枝也能支撑豹子的体重。花豹喜欢上树，能利用树捕猎，也有把没吃完的食物拖上树的行为，有这样可以往上爬的树，那可是玩得特别开心。

最好玩的是黑豹和它的柚子树。这只黑豹是黑化花豹，笼舍里的柚子树特别高大，结满了柚子。这地方的柚子又不可能有人敢偷，于是就成了黑豹的玩具。只见它纵身跃到爬架上，再跳一步就钻进了树冠。毕竟是一只成熟的豹子了，体重那么大，直接从树上晃下了一颗柚子，咕噜噜地在地上滚。豹子毕竟是猫，哪忍受得了球状物的挑逗啊，一脚跳下去追上去玩了起来。

美洲豹

周围的豹舍里也有柚子树，但其他豹子的行为似乎就没有这么丰富。其实，树上的柚子完全就是天然的丰容物。如果饲养员趁豹子回内舍时，掏空一个柚子，往里塞上吃的，那就是非常好的丰容了。

有没有大树，豹子的行为差别不小。5个豹舍中唯一没有大树的那个笼舍里的豹子，行为看起来更刻板一些。这个笼舍就得想办法丰富一下爬架了。

黑豹右侧，有三笼美洲豹。动物园里的美洲豹常常不是很好看，看起来体形小，腿还短，不知道是不是血统不好或者是近亲繁殖过。而长沙生态动物园的美洲豹中，有一个个体非常雄伟，脑袋硕大一个，体形

美洲豹

比个头小的华南虎小不了多少，相当好看。

美洲豹相对于花豹没有那么爱上树，毕竟个头要大一些。但它们更爱下水，是水陆两栖的"特种兵"，下水抓个鳄鱼啥的都是分分钟的事情。长沙生态动物园没有给它们创造下水的条件，笼舍里没有水池，这是一个缺陷。

武汉动物园

我的老家在武汉,打小我就喜欢去动物园。武汉动物园是我最熟悉的动物园之一,我也对它有很深的感情。武汉动物园可以说是全国较小的省会动物园之一。别看它占地 68 公顷,但有近 27 公顷是湖面。这样的条件,肯定会让动物园的规划者犯难。

但如果我们换一个角度想,这些湖面是麻烦,但利用好了却是无人可及的优势:全中国没有哪个省会动物园,拥有如武汉动物园这般广阔的湿地,拥有如此漂亮的水杉、池杉、樟树林。

请看看湖边的森林吧!武汉动物园内有大片的水杉、池杉和樟树林。这是先辈们种下的树木,如今已经

长颈鹿

湖边的杉树长出了膨大的根基

蔚然成材。靠湖生长的杉树，为了能在水中挺立，长出了膨大的根部，这是在非湿地地区看不到的。离湖稍远的樟树，散发出好闻的香味，让人心旷神怡。

再看看湖边的野鸟。武汉的湖泊，很多都是底部没有硬化、原有生态尚存的"活"湖。武汉动物园的水禽区除了园方饲养的几种鸟类之外，还生活着白骨顶、黑水鸡、小䴙䴘等多种水鸟，岸边的树林当中，还有大群的白头鹎、八哥、灰喜鹊、斑鸠等小型飞禽。

在这所有的野鸟当中，最好看的当数翠鸟。翠鸟生活在水边，需要有靠水的泥质岸基筑巢，还需要栖息在水边的树枝上观察领地好抓鱼。武汉动物园的水禽区，看起来较适合翠鸟的需求，因此看到翠鸟的概率不低，于是也有许多人长

雾气中的疣鼻天鹅

枪短炮地在此蹲守。

在这样的原生环境中，武汉动物园建有一片漂亮的水禽区。整个水禽区顺着湖岸而建，利用了原有的岸基和几座湖中小岛，数种天鹅、雁鸭、鹤类生活在其中。

这片水禽区的设计师，实在是颇为擅长造景。黑白天鹅穿行在水汽氤氲的湖面上，丹顶鹤站在树林的逆光中。人形步道蜿蜒在湖岸和小岛之间，游人可以穿行在鸟群、树林和花丛当中。若是清晨或是下午，太阳斜射照入林中，投射在水汽之上，白色的丹顶鹤安静地梳毛，轮廓被染上了金色。这份静谧只会被偶尔响起的鹤鸣或者是鹅叫所打破。

最美的是火烈鸟展区。一群火烈鸟体色鲜艳，如一团火焰燃烧于湖面上，衬托远处的白色拱桥。

这片水禽区，是整座武汉动物园里最美的部分。它激发了天然环境的天赋，又兼具了美感。让人无法不喜欢。

离开水禽区，就让人不太高兴了。汉阳的武汉动物园兴建于 20 世纪 80 年代。那时的前辈筚路蓝缕，从无到有生造出来一座动物园。1987 年，国家建设委员会考察全国的动物园，排出了一个"中国八大动物园"的名录，武汉动物园就在其中。但自那时起，武汉动物园似乎就缺少了一些进取心，发展开始停步。直接结果是 1995 年

天鹅和它们的湖岸

建设部再评"全国十佳动物园"时的落选。

30 年前的动物园，和现代的动物园迥然不同。然而，如今依旧能在武汉动物园中看到那个年代的设计。这不是历史的底蕴，这是历史的败笔。

但是现在，武汉动物园的改造已经开始了，有看得见的场馆建设，也有看不见的一些努力。最明显的就是熊猫馆的变化。

2019 年 7 月 11 日，武汉动物园重新迎回了熊猫。那是一个炎热的夏日，大约在下午 4:15，武汉天河机场的货运出站口处开来了两辆小拖车，车里装着两个不锈钢的航空箱。铁门这边的记者一下子沸腾

火烈鸟展区

了，往前围住了大门。武汉动物园的员工们赶紧让大家后退，并且再次重申不可开闪光灯，也不可开补光灯，以免伤了国宝的眼睛。十几分钟后，一路跟机的饲养员拿着单据过来办好了手续，铁门打开，

熊猫出来了！

只见拖车把航空箱拉到了货车旁边，六七个武汉动物园的饲养员跳了上去，扛起箱子，就往车里塞。旁边的森林公安维持着秩序，有摄影师想凑近拍，马上被挡在了外面。两只熊猫上两辆货车，只花了不到 3 分钟。然后车队马上启程，警车开路，一路驶向动物园。

货车直接开到了武汉动物园的新熊猫馆旁边，舱门一开，又是一排饲养员迅速地把熊猫抬进了后台，一头熊猫只亮相了十几秒。旁边围观的记者们都没有拍过瘾，随后熊猫馆彻底封锁，连无关的动物园员工也不能再进去了。

7 月 26 日，在结束了半个月的隔离检疫和适应，春俏和胖妞这对年轻的姐妹花，在武汉动物园的新熊猫馆里正式和大家见面。

在此之前的一整年中，武汉这样一座大型城市失去了它的熊猫。2018 年 6 月，有游客在熊猫馆拍摄到饲养员违规操作。一时间舆论汹涌。那头可怜的熊猫伟伟，后来被送回了四川。

这对于武汉动物园甚至是

武汉市来说都是一个耻辱。于是，涉事饲养员被停职，一个新的园长空降而来。新的领导班子，首先要解决的就是消除没有熊猫的耻辱。于是一座新的熊猫馆拔地而起。

如果你踏入这座馆舍中，你就会有种脱胎换骨的感受。熊猫的外舍绿树成荫，青草遍地，有原木爬架，也有可以攀爬的大树，还有可能会被熊猫玩死但玩死就玩死吧的小灌木，亦有可以泡澡的水池。武汉的夏天很热，所以馆中也有喷雾设施。这喷雾可不是仅仅绕着场馆来了一圈，它还直通接近场地中央的大树、塑石。这样一来，喷雾就不只是给人看的，它能给熊猫更多的清凉。

不过，夏天毕竟太热了，在夏天，熊猫主要还是待在内舍。国内动物园多不注重内舍建设，常常搞得阴暗逼仄。武汉动物园的老场馆也不例外。但这座新熊猫馆的内舍，不光大，采光还好。地面模仿山石、山势，铺成了不平的硬质坡地。除了一定要有的爬架之外，还摆放了不少玩具、投食器。看起来，熊猫们在里面会玩得很开心。

想看内舍，就需要进入熊猫馆的内部。在参观面的对侧，是科普展墙。这块地方，我有一点小小的贡献。在刚开始设计的时候，我向武汉动物园提议，可否放一个展柜，展一展熊猫的便便。等装修好了以后我来逛了一圈，发现这儿真设了一个展示熊猫便便的装置，每天更换新鲜便便，供游客闻。

看到这儿，我是开心得不行。一提到屎，非动物学专业的大人们可能马上就会感到恶心，但小朋友不会。以前有次科普活动，我找做猫科动物保护的猫盟 CFCA 的朋友给我带了一管子豹子屎展示给小朋友们看，结果他们都凑过来，差点把屎给抢走了，引得大人也有了兴趣。

这个装置并非是为了猎奇。吃竹子的熊猫，新鲜的便便会有一股竹叶清香。这个是看过科普书、纪录片的你应该知道。但这"竹叶清香"究竟是什么味，很少有人闻过。这个装置，就是要把平淡的文字，变成立体的嗅觉感受。只有实物的味道，才能真正让人知道竹叶清香的屎是什么感觉。

在野外，屎是动物学家重要的研究对象，是观察动物最简便的窗口，所以他们一到野外有时间就捡屎，然后研究屎是谁拉的，这个动物吃了什么，乃至于可以提取屎中的 DNA 做更深入的研究。提供一个可以看、可以闻的屎给游客，就相当于让他们小小体验一把跑野外口的动物学家的日常。

科普不只是用眼睛看的，还可以用鼻子闻、用耳朵听，但更重要的是，科普得满足好奇心、激发好奇心，才能让人类更好地感受世界。

这样一座新建的熊猫馆，投入了武汉动物园上上下下很多人的心力。动物园的员工们形容熊猫来的前后几周"就像打仗"。但更大的一"仗"，马上就来了。

2020 年 12 月底，武汉动物园宣布：从 2021 年 1 月 1 日起，武汉动物园将开始暂定两年的闭园，三年的改造马上开始。

这次改造，武汉动物园酝酿了很久。自 2018 年新的园长上任以来，就开始谋划改造。因此，园方请来了中国最好的动物园设计团队——这个团队参与过南京市红山森林动物园的改造——做了通盘的设计和预算，找上级单位一级级地审批。

等待是让人心焦的。一年多的时间里，武汉动物园的改造计划被一遍遍地驳回，预算是一次又一次地削减，到了 2019 年末、2020 年初的时候，我甚至觉得全园改造无望了。然后新冠疫情爆发，希望更是渺茫。

但是在疫情之后，情况发生了转机。英雄城急需支持，所以国家加大了对武汉的扶持，一批公共建设项目马上上马。武汉动物园又重新上交了第一版没有削减预算的方案，很快就得到了通过。

武汉动物园终于可以改造了！需要改造的并不只是硬件。一座动物园要好，不能只是硬件好，还需要软件好。所以，武汉动物园也在努力提升管理水平和各种技术。2019 年底，武汉动物园请来了中国知名动物饲养员杨毅，让他主管动物饲养业务。他的到来，让这座老动物园的很多饲养员看到了新技术的力量。

接下来，我们可以期待新武汉动物园的诞生了。

Southwest

西南的动物园

西南地区和西北地区的动物园行业有两点很相似：相对于东部经济更发达的区域，西南、西北的动物园的设计、建设水平没有那么高，往往给人一些陈旧的气息。但作为中国物种多样性极高的区域，西南、西北地区的动物园往往拥有很多其他地区没有的动物。这些特有的动物居住在合适的环境里，往往会让人感受到自然的精彩。

这样丰富的物种，使得西南各地的动物园呈现出完全不一样的气质，川渝的炽烈、云贵的神秘、西藏的强韧，自动物身上涌现出来，会给观察足够仔细的游览者以感动。

重庆动物园

想逛动物园，我一般会建议大家早上早点去。动物园里动物最活跃的时间是一早一晚，早上去游客也少，逛得会更加尽兴。但如果是重庆动物园这样晚上 9 点才关门的动物园，那还是晚一点去比较好。

午间，尤其是周末的午间，重庆动物园是喧闹的。熊孩子在熊山周围尖叫，拍打着各种灵长类的窗玻璃，熊大人们为了逗乐，掏出了食物往笼舍里扔。偏偏重庆动物园又是一个历史包袱很重的动物园，有些笼舍相对老旧，挡不住投喂。投喂，永远不只是游客的锅。

在这个时候，有些动物你是看不到的。但只要待到下午 5 点，游人慢慢退出，动物园爱好者的好时机就来了。

请找到动物园正北方的企鹅馆，咱们并不需要去看企鹅。在企鹅馆旁边，有一排外表是蓝色的小场馆。在这里，生活着好几只罕见的中小型猛兽。

首先要注意的是亚洲金猫。亚洲金猫曾是中国较为常见的中型猫科动物，它的头上有好几条颜色斑驳的纵纹，就像火焰一般。亚洲金猫常见有红色型、黑色型和花色型。重庆动物园的这只金猫是红色型，趴坐在树荫当中，似乎是

亚洲金猫

云豹

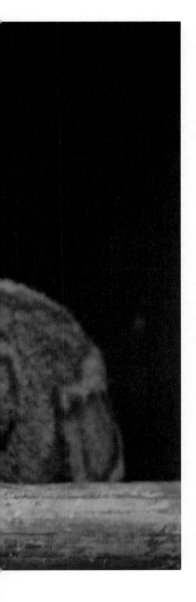

一只硕大的橘猫。但它比家猫还是大很多，体长接近一米，身材壮硕，能够抓捕野猪或是鹿。

金猫这样一种美妙的动物，在全世界的动物园里过得都不好，加之繁殖困难，已有的人工种群也在慢慢凋零。在中国，动物园里的亚洲金猫一只接一只地死去，仅剩的三四只也几乎没有放一起繁殖的可能。想要看金猫，趁早来重庆动物园。

在这样的背景下，重庆动物园的亚洲金猫拥有一个这样满是绿色的场馆，实在是一件幸运的事情。馆内满是绿植，灌丛高低搭配，金猫若是愿意便会在林荫间、爬架上穿梭，展现大橘矫健的身姿。

金猫旁边有一个绿植更为茂盛的笼舍，它属于豹猫。再隔壁，又是另一个大明星：云豹。和金猫类似，云豹也是中国动物园中不太受重视的动物。但大尾巴、喜爱爬树的云豹，自有一份矫捷的魅力。

想要在重庆动物园观看金猫和云豹，一来要等，二来要找。它们生性腼腆，人多嘈杂的时候就不活跃，所以我推荐大家晚点来，在黄昏时分来看。因为丰容好，重庆动物园的金猫、云豹笼舍里有很多遮蔽物，想要看到它们，就得在树影中慢慢看。

金猫的后方，有一小群豺暂住。它们的新领地据说位于金猫馆的右侧，那里还没有装修好，于是才安置于后方的小笼舍当中。这片新领地本来是用来养狮子的，相对较大，挑高也不错，用于安置豺这样爱跑、爱跳的群居动物再合适不过。

企鹅馆的另一边，是雉鸡等鸟类的地盘。重庆动物园刚引入了一雌一雄两只绿孔雀，安置在这里。这两个个体还没有长成，身材还比较纤细，但绿孔雀的龙鳞脖、稻穗冠、明黄脸颊已经显露出来。这两个个体的血统，应该比较纯。

"孔雀东南飞，十里一徘徊"中的孔雀，就是指绿孔雀。但目前遍布中国的却不是这个物种，而是印度来的蓝孔雀。我们自己的绿孔雀反而几乎在中国本土消失了。

金猫、云豹、豺和绿孔雀，全都是曾经遍布长江以南区域的动物，但现在即使在动物园当中都日益罕见。理论上重庆也是这 4 种动物的分布地区。重庆动物园煞费苦心地收集了这 4 种动物，再加上不那么罕见的华南虎、豹、羚牛等物种，一座西南地区特色动物中心的形象冉冉升起。

但话说回来，重庆动物园若想要更进一步，可别忘了杜绝那些猖狂的投喂，以及拖后腿的陈旧铁牢笼。

绿孔雀

成都动物园

成都动物园是一座老牌动物园，始建于 1953 年，曾有过辉煌的历史。但和许多同样辉煌过的中国城市动物园一样，成都动物园纠结于过去与现在当中，需要找到自己的未来。

在这里，你能看到四川的生物多样性，也能看到体制内动物园所面临的问题。

成都动物园我去过两次，每一次都在鹿苑和百鸟苑消耗了最长的时间。

成都动物园的鹿阵容豪华。其中我最喜欢的莫过于毛冠鹿。毛冠鹿是一种中国特有的小型鹿，四川是其分布的核心区域。毛冠鹿的毛冠，指的是从额头到头顶长的一撮毛，显得分外俏皮。

在分类上，毛冠鹿是麂子的亲戚。它们的雄性拥有打斗用的长獠牙。这两张图里的都是雌性，除了没有长牙，身材也稍显纤细。

我很喜欢看毛冠鹿走路的样子。它们四肢纤细，动作小心。每次抬腿的时候都像是芭蕾舞者一般，看着非常灵动。

在国内的动物园中，中国特产的毛冠鹿不常见。在几家饲养有毛冠鹿的动物园里，成都动物园又是少有的解决了毛冠鹿繁殖的动物园之一。他们的毛冠鹿非常值得一看。

毛冠鹿

毛冠鹿

说到鹿的繁殖，成都动物园的豚鹿繁殖得更好。豚鹿口吻部较短，身形较为圆润，体态像猪，所以叫"豚"鹿。它们是国家一级保护动物，曾被宣布在中国野外绝迹，但后来又有一些零星的发现。

成都动物园拥有全中国最大的豚鹿人工种群。有多大呢？

截了角的公豚鹿

2015 年的一项统计显示，全国动物园的豚鹿不足 60 头，
其中 40 多头在成都动物园。简直就是三分天下有其二了。

除了这两种必看的鹿之外，成都动物园还有白唇鹿、麋鹿、
马鹿、梅花鹿、黄麂这几种中国本土鹿类。成都动物园的
鹿苑之后，是园外的一片高楼。高楼的阴影挤压着几群罕
见的野鹿，颇有种现实的隐喻感。

白唇鹿

鹿苑的可观之处，在于种类齐全，别处没有。而百鸟苑的好看，就是单纯的好看了。

十几年前，中国流行过一阵鸟语林。就是用一个大罩网，把许多种鸟圈养在其中，然后人走到网笼里面看鸟。成都动物园的百鸟苑大致上就是一个中型的鸟语林，但胜在环境好，植被丰富，又有一座螺旋形的廊道穿行其中，能够通过上下立体的视角，观察其中的鸟类。

鸟语林里最大最好看的鸟类是几种雉。一般动物园的雉都关在小型的笼舍里，行为不太丰富。放养到百鸟苑的林地之后，这些雉鸡就回到了自己的原生环境中。体形小一些的红腹

树枝上的红腹锦鸡

锦鸡常常落在树丛上，当你的目光穿过树影时，偶尔会看
到它们那耀眼的身影，梳理着一头金毛。而大型的白鹇、
白冠长尾雉通常出现在林下或是水边，常常顾影自怜。

树林之间，还有一些中小型的飞鸟。这里的鸟类状态都比

白冠长尾雉

较自然，常常会躲着人，但密度又比野外高得多，比较好拍。对于拍鸟初学者来说，百鸟苑是个练技术的好地方。

除了这两个区域之外，成都动物园的豹馆、狮虎苑、灵长类展区也值得一看，虽然场馆都不大，但看着还算舒服。

一些年前，国内动物园有用瓷砖画做科普牌的传统。好些动物园要不在瓷砖上写字作画，要不直接烧釉彩瓷砖，用这样的方式传递科普信息。这些画和文字现在看未必很精良，但大都有那个年代的一丝不苟。

如今，这些瓷砖画大多被淘汰了。成都动物园里倒是留了不少，看到这些历史的遗存，浓浓的怀旧气息扑面而来。

这样的科普牌，只要没有错误，保留下来会有一种传承的感觉。但是，老旧的场馆如果不加以改造，或者改造还是没有跟上时代，那就很糟糕。成都动物园的熊舍就是如此。

在国内动物园中，坑式的展区同样是一个"传统"。这种传统会让人俯视动物，平生虚妄的掌控感。坑中的动物特别容易受坑上之人的影响，如果有人投食，行为就会异常。成都动物园的熊山，就是个坑。

这个坑也不是没有改造。棕熊展区的一侧，是和游客视角平齐的玻璃墙面，游客在这一面可以平视动物，也不容易干涉到里面，当然如果玻璃幕墙再高一点会更好。但在对面，却还是高出展区一大截的高台，人在上面，还是俯视着熊，通过投喂掌控着熊的行为。

这改了跟没改有啥区别？这样的例子，在成都动物园里还有不少。

改建了一半的坑式熊山

昆明动物园

走进昆明动物园，你首先
会感觉到历史感。

1995 年，建设部评选过一
次"十佳动物园"，其中
尚有北京、上海、天津、
济南、成都、杭州、广州、
昆明这八家动物园留在原
址，主体未变。这八家动
物园家大业大，至今都算
是不错的动物园，都有相
同的优势，也有类似的问
题。昆明动物园算是优势
和问题都特别明显的一家。

我们先来看看灵长类。云
南是中国灵长类多样性最
丰富的一个省，没有之一。
只说云南原生物种，昆明
动物园内就有白眉长臂猿、
白颊长臂猿、滇金丝猴、
黑叶猴、菲氏叶猴，猕猴

白眉长臂猿

菲氏叶猴

属的我们就不数了。

其中，最难得一见也最有意思的是菲氏叶猴这个濒危物种。顾名思义，叶猴就是喜欢吃叶子的猴，近期，有研究显示菲氏叶猴所属的亚洲叶猴这个演化分支对甜和苦都不敏感，这显然是和它们爱吃叶子和青涩果实的食性有关。亚洲叶猴都有着长长的尾巴、修长的身躯、纤细的四肢、突出的眉毛和奇怪的杀马特发型。

昆明动物园的菲氏叶猴和住它隔壁的黑叶猴是亲戚。但和在国内动物园里更常见的黑叶猴不同，菲氏叶猴的毛发是灰色，有明显的白眼圈，脸颊上的毛也更长，更加杀马特。如果你来昆明动物园玩，不妨多看看这两

菲氏叶猴

只菲氏叶猴。国内拥有这种动物的动物园可没几个。

如果你不知道这些信息，单是看看菲氏叶猴居住的笼舍，肯定看不出来菲氏叶猴是难得一见的宝贝。它们住在狭小单调的笼舍中，笼子里没有什么爬架，玻璃很脏，科普牌

也很无聊。两只菲氏叶猴非常怕羞，有时候游客太过于喧闹，还会躲到内舍去。整个昆明动物园的灵长动物区都给人这样的感觉，滇金丝猴、白眉和白颊长臂猿的馆舍也是如此。

这就仿佛是一个热爱收藏的巨龙，把各种宝贝带回了自己的洞窟，却只是堆成一堆，然后趴在上面睡大觉。

其实，动物园已经过了单纯依靠物种数量和个体数称雄的时代。在这个多媒体异常发达的时代，单纯认识物种实在是太容易了，点开百科类网站顺着相关链接一个个地看，有介绍，有图片，还能在网上搜到视频，何必要去动物园认识动物呢？动物园真正的优势，是能够通过视觉、听觉、嗅觉等多维度展示动物的自然行为，近距离观察获得的信息量远比上网查到的要多。而想要让动物展示自然行为，展得多没用，必须得展得精。

另外，很多城市动物园为了吸引更多游客，往往会在动物园里招商引资，建游乐场。游乐场或许能解决一些钱的问题，但对动物园的长远发展不利：它会分散游客对于动物的注意力，发出的噪声也会影响动物的生活。昆明动物园里的游乐场所占的比重特别大，有好几座大型游乐设施，分散在园中至少两处，让本来就不大的园区显得更为狭小。

昆明动物园的灵长馆体现了动物园陈旧的一面，一些新的馆舍则展现了新的展示思想。

新建的水獭展区就是一个亮点。昆明动物园的亚洲小爪水獭生活在一个仿原生环境的展区中。展区中有水池，水不深但很清澈，饲养员会往水里放活泥鳅，便能看到水獭在水里捕食。有时候，为了抢夺食物，或者是单纯为了玩，小水獭们会从水里打到岸上，从岸上再打到水里。打够了，就爬上岸，在小碎石地面上蹭毛，试图把自己擦干。

我能在这儿看上一整天。

既然能仿原生环境，为什么不能直接用原生环境呢？昆明动物园坐落在圆通山上，有很好的山间林

打哈欠的小爪水獭，脖子上的伤我猜是打架打的，谁家小朋友没有打架受过伤呢

角马

地。于是，园方在山南侧开辟了一片坡地，把中小型有蹄类动物一股脑地放了进去。

在这山林之中，你可以看到水鹿、梅花鹿、黇鹿、山羊，这都算适应林间环境的动物。咦，这儿怎么还有一头角马？把适应大草原的角马放在这儿实在有些违和，不过想一想，相对于老食草区狭小的外舍，这头孤零零的角马搁在这儿倒更加舒适，这显然是福利上的巨大进步。

但相对于上面说的这些动物，我更喜欢这片展区中的一头

牛。这头牛面部白色、双角粗壮、身体强健，四肢上的白色如套了两双白袜子。这可不是一般的牛，而是大额牛。

大额牛也叫独龙牛（这发音对南方人真不友好），分类上有一点争议，但大体上还是被认定为印度野

独龙牛

牛和家养瘤牛的杂交种（印度野牛是全世界最好看的牛），据说，半野生半家畜的大额牛肉质极好，惹人喜爱。

作为昆明动物园的老员工，这个身材强壮但外貌特别憨厚的大个子肯定是不会被吃的。在那片山坡林地中，有一间带棚子、地上铺了稻草的小竹房。大额牛特别中意这个地方，休息时都会趴在里面，憨厚地看着前方走过的游客。有时候，它出去吃饭，回来看别的动物在里面，还会生气，靠气势把对方赶走。毕竟，它是这里最大的动物。

这样一片山坡，原有的树木、山石乃至坡地本身，就可以完成丰容了。再加上动物之间的互动，就能呈现出较为自然的状态。这是一种"圈地自萌"的场馆，想在这样的环境中观察得爽，一要耐心，二要好眼神，三要望远镜，请将目光穿过丛林，好好找动物看吧！

昆明动物园的鸟类养得也不错，我最喜欢百鸟园，大致上也是圈地自萌的状态。这里的大顶网罩住了一片有水流的林地，林地里放养了许多小型鸟类，如各种鹎、鹟、鸲和椋鸟，地上还有白马鸡在自由活动。

雀类不好养。各种雀食性不一，需要的环境也不一样，很难用一个笼舍来解决所有问题。因此，很多动物园的雀死亡率都比较高，只能想办法补充。我猜，昆明动物园百鸟园的小鸟

林间的鹿群

黑短脚鹎

白马鸡

也是有补充的。但这片环境毕竟较为自然，放养的鸟也有很多本地物种，有些种类过得明显更好一些。例如，我看到这儿的黄臀鹎繁殖了，小鸟接近成年，能够到处飞，但还是在向亲鸟乞食。

而地面上行走的白马鸡，宛如整个百鸟园的主人，四处横行完全不鸟游客，除了面对喂食的饲养员，是不轻易让路的。

这些白马鸡的尾羽特别完整，远比笼养的同类好看。

这几处展区，那可是"谋杀"了我不少快门啊。

云南野生动物园

在动物园爱好者的圈子里，云南野生动物园（简称"云野"）的名声有一些奇葩。在我看来，这个动物园有不少有意思的地方，但可惜老鼠屎有点多，不但坏了粥，还让人有点点倒胃口。

先说有意思的。作为云南的动物园，云野自然有不少云南本土动物。熊狸便是云野的本土动物中展示得最漂亮的一种。熊狸英文名"bearcat"，是真·熊猫。

食肉类的肛门附近有一个分泌气味的腺体，称为肛门腺，那是动物用来做气味标记的工具。有些资料上说，熊狸的肛门腺散发出的味道是奶油爆米花味儿的。此前，我一直对这

正在爬绳的熊狸

个说法将信将疑。没想到，这次遇到了。云野的熊狸笼舍离游客步道很近，一阵风吹来，一股水果的甜香飘进了我的鼻子，仔细一闻，稍微有点点臭——这根本就是热带水果的味道嘛！资料诚不我欺，熊狸的味道果然奇特。

闻到这味儿，算是我去云野最大的收获。

熊狸

熊狸，是一种体形较大的灵猫科动物，你别看它长得有点粗笨，但在树上可灵活了。为了展现熊狸擅长攀援的习性，云野的熊狸展区被分成了两个部分，中间隔着游客的步道，一条粗麻绳将两个笼区连接了起来。如果熊狸自己不愿意爬怎么办？饲养员会以食物作为奖励，鼓励熊狸从高空穿过，爬给游客看。

云野大概对饲养员传播科普知识有要求，在各种动物的展区，我遇到了不少穿着制服的工作人员在主动给游客做讲解。给我印象最深的是蜂猴饲养员。蜂猴也叫懒猴，运动速度很慢，在白天还会睡大觉。蜂猴的饲养员怕游客觉得

凄惨的豹猫

蜂猴不动没啥可看，于是守着猴子，看到有游客来了就做介绍。这位饲养员对蜂猴颇为熟悉，讲得也很用心，还特地手持蜂猴的食物——蜘蛛——作为道具，介绍这种动物的食性。

这里的蜂猴展示是我在国内见过的最奇特的一个。他们日常把蜂猴放在一截刨出洞的木头上，靠近游客步道，是完全开放的。这么展，必须要有人盯着。盯着蜂猴的饲养员又能如此细心地介绍，展示效果那是相当地好。那如果没人盯着呢？

蜂猴的展示算奇特，那云野的豹猫展示就属奇葩。不少动物园会用一种长长的铁丝网笼作为通道，展示松鼠在林间的攀爬。云野也有这样的装置，但我完全没有想到的是，云野一半的长条网笼是用来搁豹猫的。网笼中有两只豹猫，其中一只被网子封闭在了网笼中，没有办法躲回较为宽敞的木制小猫舍里，只能缩在站都站不直的地方，接受游客 360 度无死角的端详。云野的广告词是"回归野性，全园放养"，我豹猫第一个不同意。

豹猫可是一种特别怕羞的动物啊，这么展完全是突破下限的差！

云野的小猫展示得差，大猫呢？至少，地方是够的。云野是一个巨大的动物园，对猛兽也并不吝啬，他们的猛兽区颇为巨大，但因为养育的个体太多，有点挤。

老虎这么多，该怎么展示呢？云野的思路大概就是互动。在猛兽区里，有和小老虎近距离接触的收费项目，

不合理的收费项目

当然，都近距离接触了拍照自然是可以的。要知道，好些动物园里和小老虎合影的项目都被取缔了，云野这可就更厉害了。

但最让我觉得莫名其妙的，还是收费钓老虎。花上一点钱，你可以获得一个装了肉的钓竿，然后，就去看老虎是如何上钩的吧。

说到地方大，云野真是一会儿让人觉得特别豪，一会儿又

红毛猩猩

让人觉得特别小气。他们的灵长动物园区就是这样一个混乱的例子：常见的几种猕猴，还有狒狒，拥有巨大的笼舍，但像红毛猩猩、各种长臂猿这样珍贵的物种，待遇要差得多。

尤其是红毛猩猩。在任何一个动物园，大个头雄性红毛猩猩都会成为园中的明星。云野，有俩。但这两位雄性红毛猩猩共用一个不太大又没啥丰容的外舍，看着他们百无聊赖，实在让人有点揪心。

哦，对了，红毛猩猩附近有几个熊坑。坑是原罪我们就不赘述了，最奇葩的是，有一个坑混养了被称为"日熊"的马来熊和被称为"月熊"的亚洲黑熊。这是干吗？日月同辉吗？

说实在的，我倒是觉得云野还算是一个有点意思的动物园。这儿的亮点时常出现，不少动物的笼舍不错，福利很好。但每当你看得爽了一点的时候，总会冒出一堆奇葩让你目瞪口呆。

又生气，又想笑，大概是我逛完云南野生动物园之后的内心写照了。

黔灵山动物园

在中国，有一类动物园常常是落伍的代名词，那就是"园中园"。所谓园中园，就是在一个大的公园中划出一小部分做成动物园，很多城市的动物园都是这么起家的。但在资源比较多的大城市，这些园中园往往会升级成独立的动物园。留下的那些，基本上全都又小又破，落后于时代几十年，也几乎不可能获得改进的资源。

贵阳的黔灵山动物园，就是黔灵山公园中的园中园。黔灵山公园巨大无比，黔灵山动物园只是小小一个。

但这却是一个有着辉煌历史的园中园。20 世纪 50 年代至 70 年代，黔灵山动

大熊猫和它的居住环境

物园从野外获得了不少华南虎，繁育也做得很好。如今华南虎濒临灭绝，在野外已经找不到了，只有动物园里还有一群。而中国动物园里的华南虎，80% 的血统来自黔灵山动物园。这是这个动物园最高光的时刻。

之后它就陷入了停滞乃至于倒退的状态。华南虎养没了，熊猫养没了，各种动物越来越少。进入 21 世纪后，贵阳郊县新建成的野生动物园，更是让这个又老又破又小的动物园变得尴尬无比。去之前，我有朋友直言说，黔灵山动物园是他见过最差的动物园，让我有个心理准备。

我的确做好了心理准备。结果去了一看，咦，黔灵山动物园彻底翻修了！

整个黔灵山动物园中最亮眼的是 2018 年 4 月刚开放的大熊猫馆。在国内，大熊猫是动物园中管理得最严格的动物。如今主管部门对熊猫场馆要求的标准越来越高，还有民间的猫粉群体盯着，现在还能申请到大熊猫的动物园或者大熊猫馆，水平都不会低。

黔灵山的大熊猫馆拥有两个外场，供两头大熊猫使用。其中一个建在平地上，比较小，主要依靠人工制作的爬架、玩具来丰容；另一个建在半山腰的山坡上，有前一个的数倍大。这个山坡外场非常精彩，里面大树、小树、灌木、

熊猫馆的解说

草地、爬架，玩具一应俱全，熊猫想动一动，就必须在山地上走。这样的环境又自然又好看。

熊猫馆中的科普也做得不错。尽管缺少先进的多媒体展示，主要依靠传统的绘画、照片和文字做介绍，但内容的方向非常好：所有的展板，都围绕着一对野生大熊猫母子来讲故事，完全没有把熊猫当成圈养的萌宠来看。在展板的开头有一句话我特别喜欢："**真正的大熊猫应该生活在野外。**"

黔灵山动物园的熊猫馆是我这一趟看过的最好的熊猫馆之一。但如果只是熊猫馆好，别的场馆一塌糊涂，那这个动物园该骂。我们不妨对比看看黔灵山动物园的熊舍。

这儿的熊舍，以前是传统的熊坑。我经常说"坑是原罪"，那是因为坑式展示会给人带来高高在上的虚幻感，坑里的动物也容易受到人的干扰，尤其是熊，一有投喂，自然行为就会被干扰。黔灵山现在的熊舍，看得出来是拿熊坑改的。但是，上层的观察面被取消了，只在平视的视角上留了一排一人多高的玻璃幕墙，玻璃幕墙上又是接近一人高的铁丝网。这大约三米多快四米的隔断，几乎阻隔了游客的投喂。不光是熊舍，黔灵山动物园一大半的笼舍都采用了这样的防投喂装置。如此强势地依靠设施来阻断投喂，在全国的动物园里都算得上先进。

熊舍内部有爬架，有水池，有玩具，但地面不太好，是水泥地，就比不上对面的老虎笼舍了。园方不如在熊舍的部分区域铺上土和落叶，这对熊会比较好。

黔灵山动物园的另一个亮点是科普牌的设计。在国内，动物园的科普牌不出错就值得表扬了，黔灵山动物园的设计还很漂亮，让人忍不住就想仔细看，这可真是少见。

改造完的黔灵山动物园，依旧是个很小的动物园，动物种类也不多。它的翻新绝不是修旧如旧，而是融入了一些新的思想。说它先进，除了熊猫馆外的其他笼舍也算不上有多么先进，但让人看着很舒服，也能看出他们的努力。这样的精品化方向，是许多小动物园可以采用的演变方向。要知道，全世界第一座科学动物园——伦敦动物园——也不大啊，但人家做得精。现在的黔灵山动物园已经有了不差的硬件，就需要修炼内功、加强软件了。

罗布林卡动物园

拉萨，是中国海拔最高的省
会城市。坐落在如此高处，
低地来的游客可能会有高原
反应，动物也不例外。因此，
在这里建动物园并不容易。

饶是如此，拉萨依旧有两座
动物园。和先进区域相比，
拉萨动物园的理念落后很多
年。然而，这里依旧有不少
特有的动物可看。

罗布林卡始建于 18 世纪，
是历代达赖喇嘛的夏宫，宫
中曾有一座百兽园，罗布林
卡动物园承袭了宫廷驯兽
让贵族看个稀奇的传统。如
今，罗布林卡被辟为公园，
票价 60 元。罗布林卡动物
园位于主体建筑金色颇章
的南边，为私人承包，票价
10 元。

雪豹

梅花鹿

久闻罗布林卡动物园场馆不怎么样，但动物身体状况还不错。过去看了一趟，还真是……

这里的场馆基本是二三十年前的设计。除了猴子拥有一座坑状的猴山，小熊猫拥有一点丰容的笼舍，其他的动物基本都生活在空荡荡的水泥铁笼里。看着灵敏的雪豹待在空荡荡的笼子当中，真让人难过。

然而，这些动物的身体状况看着还不错。尤其是几头雄性梅花鹿，看那张牙舞爪的鹿角、强健的脖颈、灿烂的一身梅花点，可以说十分雄壮了。

然而，身体的状况好，并不代表行为也好。请记住，我们去动物园，看的永远不只是物种，更是它们的自然行为。这样狭小单调的笼舍，无法让动物展现出自身的自然行为，我们没法看到鹿跑步，雪豹上蹿下跳，熊挖洞，狼集群社交。不仅如此，糟糕的笼舍还会造成刻板行为，也就是动物无事可做憋坏了，做出一些单调、重复、毫无意义的动作。

更糟糕的是，这里的投喂也不鲜见。我遇到一个藏族老大妈，带了一筐桃子，认真地一个一个喂白唇鹿。白唇鹿是中国西部高原特有物种，特点是下巴和嘴唇白。这头大公鹿身体的状况也不错，很好看。它啃桃啃得嘎嘣嘎嘣，核啃得比我干净。当时我想劝别喂吧，又有点说不出口，语言还不通。

曲水动物园

曲水动物园位于拉萨贡嘎机场附近的曲水，离市区较远，必须自驾前去。门票 80 元，并不便宜。

这座动物园又名西藏拉萨净土健康动物保护园，这个又长又绕口的名字，让人觉得这里不只担负了动物园的职责。进去一看，果然，园内有酒店、室内滑雪场、游乐设施，也许在未来，这里会成为一个养着动物的综合休闲场所。

曲水动物园最厉害的，是引入了一头亚洲象。拉萨上一次拥有大象，还是 50 多年之前，之后一直没有引入成功，其难度可想而知。这头象来自昆明，千山万水来到了海拔 3600 米之上的云端。它是如何适应高原的？之前的新闻里说，象馆里还有加氧设施，看来园方为了养活大象，费了不少心思。

但是，我去的时候没有看到大象。动物园门口立了一个牌子，给我当头浇了一盆冷水：因游客乱投食，导致大象得了肠胃疾病，现在大象正在接受治疗，近期暂不对外展出。从经验看，大象不是很容易被投喂坏的动物，大概高原的水土还是让它有些不服吧。（截至本书出版时，曲水动物园的这头大象已经病死，他们又引入了两头大象。）

逛完一圈，我感觉曲水动物园还处于未完成的状态，很多

被"投喂坏了"的大象居住的场馆外竖立着这么一块牌子

馆舍尚处于建设当中。猞
猁、猴、狼、环尾狐猴、
高山兀鹫等八竿子打不着
的中小型动物，全部养在
相邻的一片小笼子当中，
未来应该会分门别类、按
主题来安排笼舍的吧？

那些新建的笼舍，看起来
并不比罗布林卡动物园的
要好多少，都是小小的水
泥铁笼，只不过更新一点
而已。狮子、藏马熊、黑
熊都挤在这样的小笼子当
中。但它们周围还有一些
空地未用，应该会建外舍
的吧？已经建好的老虎和
大象的外舍，看起来还是
有点空，大概未来还会继
续补丰容的吧？

场馆没有建好，更多的动
物自然无法入住。园内展
示的西藏本土物种目前仅
限于藏马熊、黑熊、藏原羚、

这根柱子不是丰容用的柱子，而是电线杆

岩羊、藏鸡、黑颈鹤，看起来状态也就那样。这里的藏原
羚和岩羊是混养的，这个混养未必很合理。大公羊被一条
铁链锁了起来，大概是为了防止伤害羚羊。

园中养得最好的动物莫过于鸵鸟。拉萨的气候干燥，辟出
一片荒地，很容易模仿鸵鸟原产地的干旱沙地。公鸵鸟在
发情季节外貌会发生一点变化，嘴和小腿都会呈现出亮丽
的粉色。这里的公鸵鸟粉得特别艳。我去的时候，正好看
到一公一母展示了交配行为，现场十分激烈。

但就这一季来看，曲水动物园的观感不值 80 块的票价，期
待彻底建成之后的场景。至于罗布林卡动物园，如果你去了
罗布林卡，不妨多花 10 块钱看一看，那儿的鹿和雪豹都值
得看。

South China

华南的动物园

华南地区是全中国动物园平均水平最高的一个区域。这个区域经济发达，气候温暖，这都是兴建动物园的助力。别的不说，一个广州城，就有三座很厉害的动物园，这在别的地区想都不敢想。

长隆野生动物世界

广州的长隆野生动物世界，是一个具有开创性地位的动物园。它有新加坡动物园的影子，同时也是国内很多野生动物园的模仿对象：它的好，模仿者们有时学得会；它的坏，有时又被模仿者们给放大了。

可以说，仅从游客的观感来看，长隆野生动物世界是国内最好的动物园，但它也充满争议，离世界先进水平差得远。

合趾猿，全世界最大长臂猿，国内没几家有

想要看看全世界的华丽物种？来长隆就对了。相较于其他的动物园，长隆雄厚的经济实力让他们可以极力充实自身的动物阵容。当别的动物园展示白犀牛的时候，长隆就有了黑犀牛；当别的动物园把袋鼠当亮点时，长隆在展示树袋熊；当别的动物园里千篇一律地展示白颊长臂猿时，长隆的林间游荡着来自东南亚的合趾猿……这样的例子不胜枚举。在去长隆野生动物世界之前，大家不妨先去逛逛自己身边的动物园，再去那儿就会发现长隆的物种有多神奇。

举一个例子，长隆野生动物世界拥有普通动物园里常见的河马，也拥有倭河马。这两种动物很适合对比着看。

我很喜欢大嘴的河马。得益于各种科普，大家都知道河马是非洲杀人最多的大型动物，非常地横。但它们其实也很讲道理，在动物园里是非常听饲养员话的动物。厉害的饲养员，可以徒手给河马刷牙，这至少在长隆飞鸟乐园里可以看到。而在长隆野生动物世界里，还饲养着一群倭河马。倭河马是河马的亲戚，比河马小好几号。它们和鹈鹕混养，水中还有很多吃屎的鱼。看着这些"小家伙"在水里迈着太空步，能感觉到萌得可爱。

长隆野生动物世界也非常舍得为动物花钱，他们展示动物的水准是国内最高的。

想知道这个动物园的展示水平有多高超，看看他们的亚洲象

倭河马

就好了。你别看中国绝大多数动物园都有亚洲象，但这种庞然大物其实是很难展示的动物。大象大，需要的领地就大；它们是群居动物，一两头可过不好；作为热带物种，亚洲象生活的自然环境复杂度可不低。想要在人工环境里满足它们的需求，不容易。

但在长隆，你可以看到这样的画面：饲养员把食物绑在高柱上，大象们像在野外摘食树上的叶片一样，努力找高处的食物。大片的运动场上是细沙地，大象们会用鼻子卷起一堆堆沙土，往自己的背上撒。而在另一边是一个水池，若是天热，大象们可以下水嬉戏。

国内能让大象行为这么丰富的动物园没有第二家。

抬起上身，架在木头上，取食高处的干草

和饲养员喷水互动

长隆野生动物世界不光是大动物展示得好，小动物也不孬。借助于广州炎热、潮湿的气候，这个动物园很容易就能拥有一片漂亮的小森林。他们的大食蚁兽、黑白领狐猴、环尾狐猴、金丝猴都住在这样的森林当中，至少环境的丰富程度有所保障。

长隆野生动物世界的许多展区和人的步行区离得很近，也没有太多的隔离。但这里的动物行为都特别丰富，不会乞食。这说明平常也没有什么人投喂。这是怎么做到的？我觉得有三个原因：一是门口的安检，挡住了自带的食物；二是门票贵；三是随处可见的管理员，管住了游客，也管住了动物。

尤其是这第三点：长隆野生动物世界和很多动物园不一样，他们的基层员工数量非常多，有很多人负责站在展区附近，一边讲解，一边管游客，一边管动物。像这儿的环尾狐猴，

所谓的"金虎"

最近可以和游客相聚一米，往前一跳就可以出展区。就是靠管理员在那儿看着，它们才不会出来。同时管理员在人多的时候也会稍微投一点饲料，这样便可提升动物的活跃程度。这种靠人守着的模式，缩小了动物和人的距离，增加了动物的活跃程度，极大地改进了游览的体验。国内有些野生动物园学长隆的场馆设计，却不像他们那样雇那么多人，这就会搞出很多混乱。

但是，过分追求"神奇动物"，长隆野生动物世界又造就了两个恶果。

第一个恶果，是对白虎这样的畸形动物的追捧。白虎是基因发生突变的孟加拉虎，在天然环境中极其少见，因为白色可不是好的隐蔽色。因为人类喜爱白色，白虎获得了远超普通老虎的喜爱和珍视。现在动物园里的大批白虎，基本都是 1951 年被人类抓住的白虎莫卧的后代，几乎是近亲繁殖的产物。在"制造"白虎的过程中，大量的近亲繁殖造就了很多"残次品"，就算没有明显的畸形，白虎的体质、行为也比一般老虎要差，毫无野放的可能，也没有保护价值。而长隆除了大群白虎，还玩着金虎、雪虎等诸多花样。

动物园以这些畸形虎为明星，会挤占真正的珍稀动物的资源，长隆野生动物世界的正常老虎居住的环境就比这些畸形虎要差。这是对老虎保护事业的曲解和嘲弄，只是吸引游客的低劣噱头。

另一个恶果，是对野生动物的捕捉。2015 年，长隆集团一次性进口了 24 头非洲象幼象，这个数字更加让人震惊。这是个什么概念？非洲象是群居动物，异常聪慧，也异常团结。在正常的情况下，它们绝不会抛弃自己的幼崽。是什么，让这么多象群放弃了自己的孩子？这背后的故事让人不敢想。

长隆集团收集动物充实收藏的行为，有时候会让我的脑海里浮现出"贪婪"二字。他们购买非洲象，还可以做展示。但我实在不明白，长隆为何还拥有雪豹。就这几年，长隆

设法从西北搞来了一只或者两只雪豹，养在后台，没有见人。在广东省养雪豹，难度要远大于养熊猫。

长隆集团的饲养团队内地最强，没有任何一个动物园可望其项背。他们的一大成果，就是接连实现了多种国外国宝在中国的首次繁殖。

长鼻猴就是一例。这里我得岔开吐槽一句，实在忍不住：长隆特别喜欢放着常用中文名不用，生造名词。长鼻猴他们一定要叫大鼻猴，红毛猩猩一定要叫黄猩猩。干脆，我们也给长隆改个名，叫"大隆"吧！

说回长鼻猴。2017 年下半年，长隆野生动物世界引入了这种马来西亚国宝，

雄性长鼻猴

这在中国尚属首次。长鼻猴最显著的特点，就是脸上的大鼻子，它们是种以鼻大为美的动物。尤其是雄性，有一种极为雄伟的怪诞感。

长鼻猴不好养，但这些动物在长隆生活得不错。更厉害的是，2018 年下半年，长隆的长鼻猴产子了。我恰好认识长鼻猴的奶妈，她在猴妈妈预产的那一个月一直没有休息。动物园饲养、管理动物时，需要通过行为训练的方式来执行一些操作或者加深动物和饲养员之间的默契。长隆的长鼻猴妈妈和人类奶妈之间就很默契，前者允许后者摸着它的肚子检查身体，感受胎动。而这，就是长隆饲养员的实力。

这样的例子还有很多。于是乎，长隆的熊猫繁殖得很好，狮虎繁殖得很好，考拉繁殖得很好，你想得到的各种珍稀动物，只要到了长隆，就能繁殖，甚

长鼻猴妈妈和孩子

金丝猴幼崽

至经常出现多胞胎的奇迹。这一方面归功于广州的气候，另一方面还真的就是长隆的饲养水准高。

但另一方面，我总觉得这样的繁殖又缺一点什么。长隆津津乐道的繁殖水平，确实是实力。但这份实力中缺乏一点突破，也缺少一些担当。

这话怎么讲呢？我们不妨看一看海峡对岸的台北市立动物园。比物种，比展示水平，比饲养、兽医团队，这两个动物园难分伯仲。但如果看一看台北市立动物园的格局和既往的功劳，长隆瞬间就矮了一头：台北市立动物园拥有台湾动物区，这个区域是本土动物的保护、繁殖、宣教基地。台北市立动物园是全世界第一个解决穿山甲人工繁殖的机构，曾经野外灭绝的台湾梅花鹿的种源，也是它们保护下来的。

广州也有许多野生动物，但长隆在展示本土物种上是极度缺位的。这就意味着，他们在本土物种的研究、保护、宣传上是缺位的。

我这里并不是鼓吹说长隆

应该去抓本土野生动物来养，而是要强调在保护事业上的担当。国际上任何一个公认一流的动物园，都会凭借自己的繁育实力反哺大自然，想方设法解决一些珍稀动物的繁殖、保护问题。台北市立动物园如是，新加坡动物园如是，纽约布朗克斯动物园如是，瑞士苏黎世动物园如是。长隆野生动物世界想要跻身世界一流，在这方面还差得远。

长隆野生动物世界，是中国自然教育做得最好的动物园之一。依靠大量的基层员工，长隆几乎每种动物都有人讲解，不论讲解的水平如何，能实现这样的全覆盖，在中国的动物园中几乎找不到第二家。我 2018 年去的时候，园区内的科普牌似乎正在更新。一批新制作的科普展板颇有设计感，让人想看。

要说整个长隆野生动物世界中最好的科普陈列是哪一个，我会选考拉馆中的科普馆。这个场馆用大量的实物和文字，非常详尽地介绍了考拉的生态、食性和行为。如果能够完全看完，收获会很多。

馆中最妙的一件藏品，是一块考拉的皮毛，这是给人摸的。

上海动物园也有动物毛皮标本给人摸的环节。但和长隆的这块考拉皮一比，上海动物园的标本科普就粗糙了。这块考拉皮，只留下了背皮和臀皮，制作者这么切，是有原因的。

考拉皮毛标本

考拉，或者叫树袋熊，常见的状态是找个树杈，往那儿一坐。我们人类也是经常坐下的动物，于是，我们的臀部上有一个脂肪垫层来缓冲。而考拉臀部上的毛就比背部要厚得多，摸起来像一张地毯。而背毛的质感更加柔软细密，是用来遮风挡雨的。这样功能上差异带来的不同，摸一把，马上就懂了。如此处理标本，是在让自然自己介绍自己。这是最高级的自然教育手段。

就是这个姿势

提供皮毛的，是一只病死在长隆的雌性考拉，名叫乔治娜（Georgina）。这是个英雄妈妈，深受饲养员们的热爱。在突然逝世时候，它的奶妈伤心了很久，最后决定把它制成标本，放在考拉馆里讲述这个家族的故事。这也是饲养员们对它最后的爱与纪念。

当你抚摸这块皮毛的时候，请感受它所受的病痛和爱，以及一位母亲曾经的温暖。

如果说自然教育有反义词，那就是动物表演。一直以来，长隆饱受争议，很重要的原因就是这里的动物表演太多了。这种依靠表演吸引游客的模式几乎是深入长隆骨髓的，他们很多日常的展示都像是马戏。例如，长隆特别喜欢让红毛猩猩表现出一些拟人化的行为，给点吃的鼓个掌什么的。

但在近几年，长隆的动物表演慢慢在变。马戏的成分在渐渐退去，再过几年，他们的"行为展示"就不用打引号了。这一次我去长隆，感觉变化最大的莫过于大象的"表演"。几年前，他们的大象还会倒立，还会杂耍。但现在的"表演"，就是跑上台，一脚踩碎一个椰子，嚼烂一个南瓜，展现自己取食的行为。这的确可以说是行为展示了。

这样的改变，源于外部的压力，源于游客的慢慢觉醒，也源于长隆内部希望改变。但作为一个大企业，养的人那么多，全园的思想肯定不会那么快就统一。长隆野生动物世界内每天有多场表演，还是有一些依旧有马戏的痕迹。希望这些马戏早日被淘汰。

红毛猩猩

长隆飞鸟乐园

相比之下，同在广州的长
隆飞鸟乐园的看点不少，
槽点更少。

长隆飞鸟乐园很小，认真
看，逛个大半天也能看完。
这里饲养的动物以鸟类和
两栖、爬行动物为主，哺
乳动物很少，不追求大而
全，不喜欢鸟的人大概不
会来。加之地方偏，这儿
的游客远没有野生动物世
界那样人挤人。人少对爱
好动物的人来说是个好事，
干扰少了嘛。

黄纹绿吸蜜鹦鹉

这座动物园中最大咖的动
物莫过于朱鹮。国宝朱鹮
的复活故事家喻户晓，是
中国野生动物保护的一座
丰碑。但在动物园当中，
想要看到这种国宝，难度

朱鹮

远高于看到熊猫、羚牛，整个中国都没有几个动物园有。飞鸟乐园的这批朱鹮来这儿也应该没多久，园内还有庆祝朱鹮来临的展板。

长隆飞鸟乐园建在河边。南方丰沛的水网，给此地带来了漂亮的湿地。园中的水鸟是最值得看的，水鸟当中，又以几种鹤最为漂亮。这些鹤生活在分散于水体当中的几座小岛上，岛上满是郁郁葱葱的植被。丹顶鹤、灰鹤、白枕鹤、冕鹤等大长腿散居其间。阵容不如大连森林动物园，但在亚热带气候的加成下，展区环境更好看。

这儿养的鹤中，我最感兴趣的是肉垂鹤，无他，我是第一次在国内的动物园

白头鹤

肉垂鹤

里见到这种动物。长隆集团不太关注本土物种，饲养的动物放在全世界动物园行业内也多是动物园常见种，但很多物种，还真是他们最早或者较早引进国内的动物园当中。如果我没有弄错，肉垂鹤就是一例。

肉垂鹤是一种原产于撒哈拉以南地区的非洲鹤，最显眼的特征是挂在下颌后方的两个覆盖白毛的小肉垂。每当这种动物摆头的时候，肉垂就会抖来抖去，特别萌。相比别的鹤，肉垂鹤的红嘴看起来尤为细长、尖锐，显得特别凶。要是

被它戳上一下，估计会被扎穿吧！

这么好的原生植被，显然会吸引来不少野鸟。

看！这是黑水鸡。别看它身材矮胖，跟个鸡似的，但黑水鸡在分类学中其实是一种广义的鹤。所以，野生的黑水鸡生活在鹤区，那是特别地合适。

黑水鸡的额头有看起来像骨质的结构，和嘴巴连为一体，都是红色的，因此也被称为红骨顶。它们有一双大脚，擅长在水生植物丰沛的水中穿梭，就踩在植物上走。看着它们在绿地上来回跑步、寻找食物，有种生机勃勃的感觉。

可惜的是，长隆飞鸟乐园

的科普没有覆盖黑水鸡、大小白鹭、池鹭等一定会出现的
野鸟，一般游客很难注意到这些有趣的生灵。

而在没有什么水的陆地上，飞鸟乐园展区造景做得很棒。
这儿的雉鸡、小型水鸟，按种类单独养在各自的笼舍当中。
想想动物园鸡舍鸭圈的平均水平，那都是小小的一个鸟笼，
有沙地就算不错了。但飞鸟乐园根据各种不同鸟类的习性，
生造出来了许多不同的环境。这其中最好看的就是鸳鸯笼。

黑水鸡

鸳鸯

这儿的鸳鸯笼中没有陆地，内部直接注上了水。但笼中放置了一些树枝、横木，栽种了许多灌木、小树，鸳鸯想离开水，上树就行。鸳鸯这种鸟类啊，其实是一种树鸭，它们喜欢在水里生活，也会在树上筑巢、生育后代。这样的造景，除了树不够高之外，那是又合适又好看。

但要说造景，飞鸟乐园造景水平最高的当数两栖爬行动物馆。这个两爬馆堪称国内动物园第一。

国内动物园的两爬馆多是让人绝望的存在。很多动物园直接把这个部分外包，承包商为压低成本，就往里放一些常见又便宜的宠物种，也没啥设计和丰容，养死了就换一条。还有一

斑腿树蛙的雨林缸

些动物园会把场馆、展缸的设计外包，外部团队设计得可能不错，但动物园自己的人不太懂保养，时间一久就糟糕。而飞鸟乐园的这些展缸，都是由饲养员设计制作，自己做保养。而且，这些饲养员的水平还不低。

我们来看看这个雨林缸吧！所谓雨林缸，就是一种复原雨林微生态的展示缸，缸中需要恒温、恒湿，才适合雨林动植物的生活。这个雨林缸中有朽木，有苔藓，有兰花，有泥土，有小水池。一看就是用来养两栖动物的。

里面住着谁？斑腿树蛙。

斑腿树蛙就是广东的原生动物，其实很常见，飞鸟乐园中就有自然分布。作为一种树蛙，它们的指头上有吸盘，适合爬树。这是一种性格很胆小的动物，生活在这样的雨林缸中，它们也能找到能够用来躲藏的角落。

飞鸟乐园两爬馆的物种构成非常精彩。有陆龟，有蛇，有蜥蜴，有蛙，有蝾螈。国外的物种有鬣蜥、变色龙、安乐蜥，国内的珍宝有斑腿树蛙、瑶山鳄蜥等。

这样精彩的造景和物种构成，让它超越了长隆野生动物世界的两爬展区。后者基本只有蛇，造景用的基本是塑料的假树、假叶子，要无聊太多。

瑶山鳄蜥

大灵猫，此照片拍摄于 2015 年

广州动物园

广州动物园近几年在软实力上的进步非常快。我第一次逛广州动物园是 2015 年，那时，我的首要目标是金猫。结果逛了一大圈，才在角落里找到了一个小小的笼舍，旁边标记着金猫的名字。可惜，来来回回了几趟，也等了好久，也没有等到金猫的影子。旁边也不咋好的笼舍里，大灵猫呆呆地盯着我。倒是让我看到了一种动物园里少见的物种啊。

3 年过去，广州动物园的金猫养没了，大灵猫也养没了。但同时，那一排破旧、狭小的笼舍也没了。

走了金猫和大灵猫之后，对于我们这些动物园爱好者来说，广州动物园最值得看的动物是海南坡鹿。在海口三园记中，我写过坡鹿这种动物。相对于海南热带野生动植物园那个乏善可陈的坡鹿展区来说，广州的这个笼舍要好得多。坡鹿的泥土地外场围绕着室内笼舍，动物想出去就出去，想回来就回来。于是，在大部分时候，害羞的公鹿躲在室内，它那些大大咧咧的妻儿在树木不少又多躲避处的外场里想走就走，想睡就睡。

鹿场的一角，有园方和志愿者一同制作的本杰士堆。本杰士堆是动物园中的一种丰容利器，粗看就是一个柴堆，点

坡鹿，睡得跟死了一样……

本杰士堆

上就能烧个篝火那种。但其实，这样的柴堆内有乾坤。本杰士堆的核心，是这个堆是活的。木头堆一方面可以给大动物玩，一方面会给植物和小型动物提供庇护；反过来，堆中的小生态，也会让大动物生活在更自然的环境中，增加它们行为的丰富程度。

在国外，本杰士堆是动物园的基础技术，现在被慢慢引入了中国。近些年，广州动物园越来越注重动物的福利和展示的效果，一方面在拆老式的小笼舍，一方面分出来了几个人给动物做丰容。

广州动物园的熊们就是丰容的受益者。我去的时候，饲养员给熊扔了几个椰子。两头棕熊简直是玩疯了！它们一熊一个椰，就把椰子当球玩，在地上踢了踢，就扔到了水里去。没想到，这次饲养员买的是老椰子，比上一次丰容时买的嫩椰子密度大，一下水就沉底了。结果，有个椰子怎么都捞不起来，两头棕熊只好玩同一个椰子。玩了一会儿，两熊终于达成共识，恋恋不舍地把椰子放在突出的石头上，用力压了一会儿，将椰子给压碎了。每头熊拿了一半椰子，又开心地啃了半天。

隔壁的马来熊夫妇，可就不像这对棕熊这样友爱和谐。这儿的马来熊丈夫，明显比它的妻子小上一号，是个战五渣。有一次，饲养员给它们准备了一颗很大的菠萝蜜，菠萝蜜嘛，是马来熊老家的水果，在野外遇到马来熊也不会客气。一扔进去又被熊老婆霸占了。熊老公在旁边可怜兮兮地想分一口，结果被熊老婆给赶下了水。菠萝蜜吃完，熊老婆呼呼大睡，熊老公才敢上前舔一

马来熊，此照片由广州动物园的 Rocky 拍摄

舔吃剩的木质芯。哎，动物们也有"霸凌"啊。后来饲养员学乖了，买榴莲给它们吃的时候，选了两颗。你们猜，大的那一颗被谁给抢走了？

榴莲也是马来熊老家的水果，但它还有一个好：不容易开。马来熊可是动了点心思，但相比我们，它们吃榴莲轻松多了。

我第一次注意到广州动物园近期的丰容工作，是 2018 年 9 月。那时，百年不遇的超强台风"山竹"袭击了珠三角，

几座城市树倒路瘫，人们一片哀嚎。没想到，广州动物园的官方账号喜气洋洋地发送了几个视频：树倒啦！好多木头啊！给动物做丰容有材料啦！直到现在，很多动物的场馆里还有一些大木头，那都是拜"山竹"所赐。

简直是太可爱了。

广州动物园的老破笼子都拆得差不多了，新建的展区都尽量符合自然的环境，还有些不够好，但至少大方向出来了。

广州动物园的小熊猫馆，就是这种大方向下的代表。这个小熊猫馆非常大，外场有密集的植被，甚至有几棵非常巨大的树，上面加装了软体相连。园方还引入了一

小熊猫

黑猩猩

条小溪，不但小熊猫能够喝水、玩水，野生的小鸟也会在这里洗羽毛。这儿丰容太好了，以至于小熊猫不想给人看的时候人类肯定看不到。这就需要园方的引导，一方面通过喂食和行为训练让小熊猫尽可能喜欢在外面玩，一方面引导游客好好找。

但这个小熊猫馆有巨大的缺陷：完全没有防投喂设施。于是这片区域内的投喂现象特别严重。笼舍的边栏非常矮，下方就是一条裸露的排水沟，人一投喂，小熊猫就会在排水沟里立起身子乞食，什么自然行为都没了。目前，园方完全是在靠志愿者来劝导。广动的志愿者大多是年纪轻轻的大学生，缺少社会经验，单纯而稚嫩，碰到一些年纪大了又不自觉的人，缺乏震慑力。这么劝，也不是长久之计。

另一个防投喂没有做好的例子是黑猩猩场馆。这个黑猩猩场馆，无论是植被、爬架都不错。听说饲养员也特别尽心，还会给生了孩子的母猩猩熬老火靓汤下奶，这可实在是太老广了。但就是防投喂没做好，没有把黑猩猩的生活和游客隔离开，结果有个个体养成了往外扔东西报复游客的习惯。

广州动物园的很多场馆都是这样，改了内部设计，丰容、绿化、爬架、玩具什么都漂漂亮亮的，就是没有防投喂。这简直是木桶上的短板，让水平面下降了好多，太可惜了。

全世界的动物园，曾经都是个"收藏癖"，饲养动物的种类越多越好，中国的动物园也不例外。但是，当人们发现，一个背负着保护珍稀物种、教育大家热爱自然的机构，却需要端着枪去野外抓动物，这就会出现一个巨大的悖论。加上法律的完善，使得绝大多数动物园不可能再去野外抓动物来丰富收藏，因此，"收藏癖"的道路走不下去了。那怎么办呢？必须走上精品展示的道路，通过动物展示出来的丰富行为，让游客觉得有趣，让游客乐于再来。

广州动物园的动物就变少了，亚洲金猫没有了，大灵猫也没有了，这是巨大的遗憾，也说明在饲养这几种动物时有一些问题。但这未必是一个坏事。如果动物园能把精力放在养好动物、做好展示上，让大象谈情说爱，让小麂自由奔跑，让马来熊"炕耳朵"，会比单纯多几种动物更可贵。

下水的亚洲象

南宁动物园

若要问我觉得南宁动物园有什么特色，那我肯定会说是这儿的灵长类。

南宁动物园的灵长区是一个浓墨重彩的灵长区。这儿面积不光大，还有不少有意思的物种。黑猩猩、赤猴、环尾狐猴、松鼠猴等非洲、美洲的灵长类不少，但要我说，南宁动物园的灵长类里最有意思的还是乌叶猴和长臂猿这两类亚洲灵长动物。

在昆明动物园的游记当中，我曾提到过叶猴这个类群。昆明动物园的菲氏叶猴调皮可爱，南宁动物园的叶猴也不孬。

这儿有中国动物园里不算罕见的黑叶猴，它全身黑色，脑袋上有毛冠，脸颊上有白毛，看起来像"一战"前的德国贵族，但又伶俐可爱，身形灵活。

黑叶猴是中国南方和越南北部特有的一种叶猴，在野外仅剩大约 2000 只。在广西，还有一种更为稀少的叶猴，名叫白头叶猴。科学家以前认为白头叶猴是黑叶猴的一个亚种，但后来还是独立了。想看白头叶猴，得去广西的几个保护区，南宁动物园没有。但这儿饲养了一些东南亚的叶猴。

南宁动物园中生活的一种灰色的叶猴便是其一。园

黑叶猴

杰氏叶猴

方给它们标注的名字是银叶猴，但动物园爱好者们不太同意，认为是与之相像的杰氏叶猴。杰氏叶猴也称印支叶猴，生活在中南半岛的南部。这两种叶猴有一大区别是脸。相比银叶猴，杰氏叶猴的脸颊上有明显的白毛——张飞、李逵年纪大了，胡子大概就长这样。南宁动物园的这种灰猴子脸颊上的白毛就特别明显。

除了杰氏叶猴，南宁动物园还展示过一种更为漂亮的叶猴，那就是黑腿白臀叶猴。

白臀叶猴属下的红腿白臀叶猴是全世界最美的猴子，不接受反驳。它们的亲兄弟黑腿白臀叶猴的颜色没有那么花哨，但依旧有秀

黑腿白臀叶猴

美的脸庞，脸上的金斑和蓝下巴看起来像京剧脸谱，颇为可爱。上面这3张图，是我几年前在南宁动物园里拍摄的。几年过去了，不知什么原因，南宁的黑腿白臀叶猴撤展了。这实在让人可惜。

无论是黑腿白臀叶猴还是杰氏叶猴，都是东南亚的物种，尤其是前者，据说全世界唯二的人工种群就在南宁动物园和番禺长隆野生动物世界。一开始这些动物是怎么来的，也实在让人有点费解。

若论灵长类的物种数，南宁动物园甚至进不了中国前三。我觉得这儿的灵长类好看，更重要的原因是群体数量。就说杰氏叶猴、白颊长臂猿这两种动物，

杰氏叶猴

南宁动物园繁殖得特别好，都有一大群。这儿的场馆有好有坏，总体不差，气候又特别合适，动物的行为就特别好看。什么孩子四处皮、抢叔叔的吃的啊，叔叔告家长啊，妈妈揍熊孩子啊，叔叔给妈妈理毛啊，这些行为，都看得到。

但更有意思的，还得数长臂猿。

我在中国动物园系列当中重复了很多次：如果一个动物园有长臂猿，那尽量早一点去动物园，很可能会听到长臂猿的歌声。这类动物会在早上用歌声宣示领地，和同类交流。南宁动物园的长臂猿至少有黄颊长臂猿、白颊长臂猿、白掌长臂猿和戴帽长臂猿四种，前两种都有大群。

雌性戴帽长臂猿，姑姑是你吗，姑姑？

长臂猿是一类爱热闹的动物，一只叫起来，大家都会叫，这种凑热闹的现象在动物园的长臂猿中常常是跨物种的。南宁动物园有那么多长臂猿，听到唱歌的可能性就高，歌声也会斗得很精彩。

目前，南宁动物园也在兴建更好的新灵长馆，期待建成后的展示效果。

除了灵长类中的那些罕见物种，南宁动物园还有一些独一份。这里是全中国罕有的展海南虎斑鳽的动物园，而且还是一个小小的种群，生活在满是树木的笼舍当中，不知在这样的环境下海南虎斑鳽能否繁殖。

不过可惜的是，这些海南虎斑鳽的展示做得不太好，完全没有凸显出它们的罕见和身份的特殊，游客常常是走过之后视而不见。

海南虎斑鳽

要我说，园方就应该在海南虎斑鸦的笼舍旁边立一块牌子，上面写上"鸟中大熊猫"五个大字，再徐徐科普。这样一种鸟，不了解的话一般人很难注意到。

南宁动物园还饲养着一头中华白海豚，这也是全中国独一份。这个个体是救助而来，但可惜的是，它在动物园里生活的时候发生了意外，上喙断掉了。南宁动物园曾拿这头断喙中华白海豚做过马戏表演，遭到了强烈的反对，许多人愤怒声讨过。现在，这个个体似乎没有再表演了，但也没有被放在合适的笼舍中展示给游客。这是个很可惜的事情。

据我了解，南宁动物园里的宽吻海豚、海狮还在表演。除了这些海兽之外，南宁动物园还饲养着一些海龟，但这些海龟都生活在狭小的水池中，让人觉得有些憋屈。

宽吻海豚

海南热带野生动植物园

海南热带野生动植物园，从名字上就明示了自己和热带的关系。

坡鹿是这座动物园的一大看点，它们是一种东南亚特有种，在中国仅有海南分布。这是一种中型鹿，比梅花鹿稍微小一点。和其他的鹿类似，坡鹿中只有雄性才有角，它们的角形如弯弓，较好分辨。在海南的方言中，"坡"指平地，因此"坡鹿"就是平地上的鹿。另外，坡鹿擅长跳跃，因此也被称为"飞鹿"。

全世界的坡鹿生存状况都不好。这种鹿有三个亚种：指名亚种生活在印度东北部的曼尼普尔邦，2004年的野外调查显示仅有182头指名亚种坡鹿在世，但好消息是数量在增加；缅甸亚种是存续状况最好的

坡鹿

南热带野生动植物园中还有鹿茸酒卖，但好歹没摆在坡鹿的场馆前。

据我所知，在中国的动物园界，离开海南，就只有广州动物园还有几头坡鹿。坡鹿在北方难养，也和它们适应热带有关。海南热带野生动植物园的坡鹿场馆倒是也没太把坡鹿当宝贝，笼舍条件不怎么样。这个展区位于车行区当中，车行区在食草动物的笼舍前是可以下车观看的，但大部分游客完全没能从动物园的展示中感觉到海南坡鹿的稀奇，看不了几分钟就走了。

这是现场唯一带角的雄鹿，虽然年轻，角还很稚嫩，但弯弓形已经出现了。其他的雄鹿呢？鹿角被锯掉了。

一种，但也仅剩大约 1000 头，并且栖息环境受到了威胁；最差的则是泰国亚种，在东南亚，它们分布于泰国、柬埔寨、老挝和越南，在泰国和越南可能已经灭绝，只有柬埔寨和老挝还剩一点。

海南坡鹿隶属于泰国亚种。在海南，坡鹿曾经被当成壮阳的神物，遭到大肆捕杀，在 20 世纪时近乎野外灭绝，还好被保护工作者拉了一把，救了回来。这种巫医思维流毒于今，海

坡鹿

而海南热带野生动植物园的另一种宝贝——红颊獴——也是一种热带动物，广泛分布于东南亚。这种小兽在中国分布于两广、云南和海南，海南的还是个独立亚种。据我所知，全中国仅有这一个动物园拥有。但可惜的是，我去的时候，小兽展区在维修更新，红颊獴没有展。

红颊獴是一种异常凶悍的小兽，擅长抓蛇，尤其擅长抓毒蛇。它们斗蛇的时候是以巧取胜，会围着蛇像神经病一样四处跳跃，让蛇攻击不到，然后伺机跳上去咬。毒蛇的耐力一般都很差，被折腾个几次，也就晕菜了，最终变成了红颊獴的菜。

在东南亚，红颊獴是一种

红颊獴，此照片拍摄于仰光动物园

动物园常见的动物。我曾在缅甸的仰光动物园里，看到园方把红颊獴的场馆安排在蛇区，简直是太坏了。

海南热带野生动植物园中还有数种如此有东南亚感的动物。不但如此，这儿的场馆也很有东南亚的感觉。大多数东南亚国家比较穷，不是个个都像新加坡那样能够用特别先进的理念和技术建出超现代化的动物园。但东南亚有气候优势，温度高、湿润，植物生长特别快，随便圈一块地，只要不破坏其中的生态，利用原有的植被或是干脆等着植物自己长起来，都能够做出郁郁葱葱、环境很好的展区。

这个动物园的巨蜥展区就是如此。园方围了一棵树，在里面放了个水泥做的假倒木，然后就把泽巨蜥给放了进去。展区里长出了灌丛，附生植物也攀上了假倒木和大树。我去的时候，泽巨蜥爬上了树，在树杈上呼呼大睡。对比很多动物园拿小缸养巨蜥，这个原生的大展区多么好看啊！

这个展区也有两个问题：泽巨蜥喜水，展区中要放一个水池就更好了；另外，植被太好，会遮蔽游客的视线。游客想看，就必须得找。找，是一种乐趣，但前提是找得到，找不到就会特别生气，这就需要园方想办法引导。

泽巨蜥

深圳野生动物园

如果放在别的地区，深圳野生动物园甚至可以算是中等偏上。但建在深圳，建在华南这样一个高手云集的地方，这座动物园只能算是平庸。

园中最年轻、最好看的两个场馆，是离入口不远的长臂猿岛和金丝猴岛。岛式的灵长馆，是一种特别适合热带、亚热带区域的展示方式。大多数灵长类不会游泳，因此，把它们放置在水体环绕的岛上，就无法离开，可以不用再建围栏、电网等设施。在温暖、潮湿的地方，植被的生长特别快，生命力特别旺盛，因此也不用害怕岛上的灵长类祸害。

长臂猿岛上生活的是白颊

啸鸣的白颊长臂猿

长臂猿。岛上的林木高低不一，和爬架一同构成了长臂猿的游乐场。早间时分，相邻两个岛屿上的长臂猿会开始斗歌，显示自己家庭的实力。它们也会在林间游荡，展现远超体操运动员的灵活。

周围的湖水中，生活着一群鹈鹕。有两只鹈鹕，特别钟情于长臂猿岛上的环境，没事儿就在那儿休息。可以看出长臂猿对这两只鹈鹕十分好奇，喜欢跳到鹈鹕附近，观察这

逗弄鹈鹕的白颊长臂猿

些白色的大鸟。有时候靠得太近，鹈鹕还会张嘴、扬翅抗议。

但你要是想在这儿看到鹈鹕飞行，那肯定会失望。有很多朋友好奇一个问题：为什么动物园里放养的鸟类不飞走？有这样几种情况：首先，动物园中有不少鸟本身就是野鸟，它们只是因为动物园环境好才飞来的，来去自由，走不走都无所谓，比方说很多动物园里的白鹭、苍鹭或是绿头鸭都是如此；其次，有些动物园的鸟类自小在园里长大，或是园里环境特别好，能飞走也不愿意离开；最后，不少动物园会利用束翅、剪羽或者断翅的方法，让鸟飞不起来。深圳野生动物园的一些水鸟，似乎就是被最一劳永逸但也最残忍的断翅方法给束缚住了。

岛式展示毕竟是纯户外展示，所以更适合展示一些适应当地气候、环境的动物。我去深圳野生动物园的时候天气很凉快，所以无论是长臂猿还是川金丝猴都很活跃。但深圳可是有特别炎热的季节。在那些时候，来自中西部山区的川金丝猴是否还能像现在这样活跃，倒是值得打一个问号。

不算长臂猿和金丝猴，深圳野生动物园的灵长类就过得比较悲惨了。它们居住在狭小的铁笼中，笼内缺乏丰容，也没有植物，简直就和蹲监狱一般。即使是能够成为大明星的红毛猩猩，也居住在一个没有外场的展区当中，那个内舍狭小而单调，又十分阴暗，很难吸引到游客的注意。这实在是一种浪费。

红毛猩猩的简陋笼舍

川金丝猴

East China

华东的动物园

经济条件好的区域，动物园行业的水平一般较高，华东和华南两地区完美地证明了这一点。华东地区可能是全中国动物园密度最高的区域，这里有不少在国内称得上水平很高的动物园，有全中国最好的两座城市动物园。

这里也有一些不那么行的地方。最值得注意的是，华东地区是中国动物园同质化最为严重的区域，这儿的许多座野生动物园，都拥有相同的经营模式、相似的物种构成，看了一家等于看了许多家。这是好是坏，是一件难以评价的事情。

红山森林动物园

南京红山森林动物园和上海动物园，是华东乃至全国最好的公立动物园。近几年来，这两家动物园进步特别快。

南京红山森林动物园的所有展区中，有两个尤其精彩：一个是獐麂坡，一个是亚洲灵长区。这两个展区的建造方式完全不同，但都导向了同一个结果：给动物营造自然的环境，展现自然行为。

獐麂坡，顾名思义是一个坡。红山森林动物园里有三个山头，道路起起伏伏，山上的树林可真是动物园的宝贝。獐麂坡便是一大片山间林地，有几头獐和一群黄麂放养在其中。

獐和黄麂，是中国原产的两种小型鹿。这两种鹿的雄性都有獠牙。鹿上科的动物中有个很有意思的现象：较为原始、体形较小的种类，雄性会有獠牙——也就是它们的上犬齿。拿獐来说，它们的獠牙十分巨大，长可达八厘米，要知道个头大的獐，体长也不过一米而已。

这长长的獠牙，为它们博得了"vampire deer"这个英文名。

獐的獠牙会动。在吃东西的时候，它们的獠牙会倒下来，免得吃吃吃的时候碰坏。但要是进入了战斗状态，獠牙就会"嗖"地一下立起来。看到獠牙直立的獐，你就该知道它们已经做

獐

好战个痛快的准备了。

南京红山森林动物园的獐比较怕人，喜欢待在林子里躲开人的视线，比较恬静。想观察到它们那萌萌的牙齿，需要好好找一找。相比之下，黄麂就大方得多。如果你在獐麂坡看到一群小狗那么大、部分有角的萌鹿，那就是黄麂。

黄麂

黄麂可不只是体形像狗。麂子在英文里叫"吠鹿"（barking deer），说的是叫声像狗吠。但我从未在动物园里听到过麂子叫，这可真是可惜。在中国，最常见的麂子是黄麂和赤麂。黄麂的个头比较小，所以也叫小麂。

小型鹿类的雄性獠牙都是种内争斗的武器，说白了就是抢姑娘用的。很多人有一个误区，看到一种动物有长长的犬齿，就觉得它是吃肉的。其实，犬齿本质上是一种打架的武器，而不是吃肉的工具。真正的食肉动物，像老虎、狼，它们的臼齿特化成切肉斧一样偏薄片形的样子，而不像人类臼齿这样有宽阔且凹凸不平的顶端。这才是食肉动物的标志。

原生环境展示原生动物，是动物园提升展示档次的利器。只要理念到位，能想到设计这样的展区，建造时消耗的资源钱财比较少，动物的状态和展现出来的行为也更好。类似的设计在南京红山森林动物园的熊猫馆里也能见到，那儿有一片高坡被辟为了户外活动场，在那儿生活的熊猫只要性格不宅，身体肯定强壮。相比沈阳野生动物世界、大连野生动物世界的超豪华熊猫馆，红山的造价应该比较低，室外活动场的环境却好很多。

大熊猫

2020 年，獐麂坡迎来了一位新的饲养员：拉拉，拉师傅。这位姑娘曾在华南一座优秀的动物园工作过，后来出门游历了一番，最终选择了红山继续职业生涯。在她的管理下，獐麂坡出现了很多改变。在 2018 年的时候，这个展区的自然潜力让我惊讶，而 2020 年的獐麂坡，则让我觉得自然中出现了条理。

拉师傅做了些什么事儿呢？首先，她通过长期的观察，彻底摸清楚了獐麂坡这一大片山林中的个体情况：有多少只獐子，有多少只麂子，性别比例如何，乃至于每一个个体如何区分，它们各有什么样的性格，全都弄清楚了。接下来，她为獐和麂划定了各自的空间，保证了不

会互相干扰，有了这样的划分也就能做进一步的管理和加强。

为了提升游客的体验，獐麂坡新增了一些信息标识。拉师傅在小鹿们喜欢躲藏的区域，设置了多个引导标识，告诉动物有可能藏在哪儿。而在獐子生活的区域，她在围栏低处切出来了一个小窗户，旁边写着"小朋友观察窗"……

动物园里免不了有生老病死，而一块简简单单的"动物离世"的标牌，不仅在告诉我们应当尊重每一个个体的存在，还透露了饲养员对动物的用心，这不得不让人感慨。

但动物园不可能只展示原生动物，如何展示生活在气

候完全不同的区域的动物，就更能体现出一座动物园的设计水准了。

南京红山森林动物园的亚洲灵长馆是国内所有动物园中最优秀的展区，很可能没有之一。展区中展现出来的设计理念异常先进，值得所有国内动物园学习。

亚洲是灵长类多样性极高的地区，从南到北，各种环境中都生活着不同的猴子和类人猿。国内的很多动物园都饲养有种类繁多的灵长动物，但像南京的亚洲灵长馆这样为不同动物提供不同环境的场馆，几乎没有第二个。

请看长臂猿的笼舍和金丝猴的笼舍。长臂猿和金丝猴都是擅长在树上活动的灵长类，吃得也都很素。在一般的动物园里，这两种动物的笼舍非常类似，做得好的也就是爬架加绿植，几乎没有什么区别。在南京的亚洲灵长馆里，爬架和植被也是有的，但仔细一看，这环境就不一样了。

川金丝猴，也就是最典型的"金丝"猴，生活在四川、陕西、湖北、甘肃的山地丛林中。这些区域冬天冷、夏天热，川金丝猴那一身长毛便可耐受寒冬，而在夏天需要迁到海拔更高的区域避暑。而现存的各种长臂猿生活在更南方的区域，适应亚热带、热带丛林较高的温度，对寒冷的耐受较差。

白颊长臂猿

所以，南京红山森林动物园的亚洲灵长馆为它们设置了完全不同的环境。江苏的气候和四川类似，于是川金丝猴生活在软网隔离出来的笼舍当中，不用太害怕冬天。长臂猿生活在玻璃和水泥墙围成的温室内，有新风系统维持恒定的温度和湿度。

更精彩的是笼舍内植被的差异。一眼望过去，川金丝猴拥有的植物基本都是南京本地的温带植物，而长臂猿身边的是热带植物。看着长臂猿摇荡而过，那画面真是有种潮湿燥热的感觉。

亚洲灵长馆的几个笼舍挑高都很高，爬架的设计也非常立体，这就适应了这些灵长类的树栖习性。几个笼舍之间，设计有软网制作成的串笼廊道，在需要的时候，饲养员可以利用这些廊道控制动物进入不同的笼舍，让它们进入新鲜的环境，减少刻板行为的产生。

除了亚洲灵长类之外，南京红山森林动物园内还有一些非洲、美洲的灵长类。来自中美洲的赤掌柽柳猴就是其中之一，如果你在园中看到了一些像戴着赤金色长手套的黑猴子，就是它们了。相对亚洲的亲戚，它们的待遇要差一些，笼舍要小得多。

但就在这个小小的笼舍里，我看到了一个特别漂亮的丰容：饲养员切了一颗直径

长臂猿的丛林

十几厘米的大青椒，把里面掏空，穿上绳子做成小碗，往里塞了水果挂在了笼舍内的树枝上。看到这个青椒碗之后，赤掌柽柳猴马上蹿了过来，两手并用抓绳子，把青椒给捞了上来，先吃光了水果，然后就开始啃青椒。

和金属碗、塑料碗相比，青椒碗特别妙：一来比较轻，猴子捞得动；二来可以吃，猴子愿意去捞；三来不怕摔，怎么用都不心疼，还便宜。这样的小丰容，几乎不花钱，但让动物的行为丰富了不少，游客看了也觉得好玩。一线饲养员能这样动心思，那可比花钱更重要。

这样的心思，往往能缓解笼舍的落后。国内的动物

赤掌柽柳猴

青椒碗

园，几乎都有历史包袱，
都会有一些特别陈旧、落
伍、糟心的笼舍。南京红
山森林动物园最糟糕的历
史包袱就是猛兽区了，一
群老虎、豹子等猛兽，都
关在小小的水泥铁笼里，
让人看着很糟心。

但是，新的风貌自旧的展
区里逐渐浮现。2020 年下
半年，南京红山森林动物
园的一批新猛兽区，开始
建成投入使用了。最先亮
相的，是中国猫科馆。

所谓中国猫科馆，自然饲
养的是中国的猫科动物。
在这个展区中，生活着豹、
猞猁、豹猫三种中国原产
的猫科动物。若以某些动
物园爱好者的标准看，这
里没有"尖货"。我觉得，
动物园养啥是其次，关键

豹子憨憨

得把动物养好，让它们充分地展示出自身的信息。

红山是怎么展示自己的中国猫科动物的呢？我们先来看看外舍的环境。

相同的占地面积，有坡度的山地，表面积要大于平地，一般来说，环境的丰富程度、植被的状态也要好于平地。因此，山只要用得好，对于动物园来说是个宝藏。中国猫科馆就坐落于山坡上，其中的好几座展舍，借了山势，给了豹一块山坡。这些山坡当然不是水泥底，能够见土，就有了更多的可能。我看到植被在夏日变得葱茏，大树透过可自动改变大小的环扣装置，将树冠伸出顶部的笼网之外。

山坡上，点缀的是石块。有的石块，构成了动物站高高的位置。在野外，各种猫科动物特别喜欢高高突出的石块，它们会站在上面观察下方的环境，并在石头上拉屎，留下自己的气味信息，把显眼的大石块变成自己的广告牌。

而有的石块，构成了水流的通道，人工控制的小瀑布能给整个环境带来活跃的氛围，也带给动物新的选择。

当然，也不是所有的展舍都有山坡，也有几间是块平地。在这些平地环境中，园方在其中放置了大量丰富环境的实体，有高大的爬架，倒伏的死木，面积不大但搭配有水边植物的水潭……这样的环境，让人觉得很舒服。

这样的环境，给动物提供了更多的可能性和选择。它们能躲到某个角落里，也能突然蹦出来，能够在水里玩耍，也能爬到高高的栖架上面，全凭它们的心情。

上面说的这些展区，介绍的是豹和猞猁的地盘。豹猫的地盘要小得多，但其中的环境照样丰富。

当动物躲起来的时候，大家该怎么看呢？中国猫科馆的展窗设置非常巧妙，它的每一间展舍，都有至少 2 个不同的角度可以观察，但每一个角度都不能看透整个笼舍。游客可以在不同的展窗间来回移动，寻找合适的角度，来观察动物。

猞猁

据我观察，目前的中国猫科馆，看到豹子还是很容易的，它们相对胆大，就算躲，也不太避着人。但猞猁和豹猫如果想躲就不太容易找了。豹猫，自然是因为个头小，而猞猁就需要想办法了。

当你在展区内漫步的时候，会看到有好几个笼舍之间，有一个架在空中的圆筒。这是啥？这是连接不同笼舍的通道，容易被大家观察到的是空中的几个，还有若干地面上的通道。

这样的通道有什么用？

较为原始的动物展舍，就是一间房或者一个笼子，动物吃喝拉撒睡，干啥都在这间屋子里面，大家肯定都见过。为了让动物生活得更好，也为了操作方便，这样的单间慢慢会被隔成两间，或是多间相邻的展舍被串联在一起，不同的区域会形成不同的功能，塑造不一样的环境。例如，串联的两间房，一间是室外展区，一间是室内的操作间，日常的展示在室外展区，动物体检、吃饭、晚间休息都待在操作间里，这是目前很多国内动物园动物展区的状态。

后来，设计者们发现，动物展舍的不同区域，不一定需要紧紧相邻。两个不相邻的笼舍，通过一个通道连接起来，照样能让动物移动。这样的连接方式，在空间利用上更加灵活，也更容易实现更多的功能。例如，悬在空中的通道，可以利用道路上方的空间，将多个分散开的展舍连接起来，还有可能让游客在下方观看上方通过的动物。

于是，这样的动物转移通道，就成了国际上很多先进动物园喜欢使用的一种设计方式。这也成为了红山新增的工具。当然，这样的空中通道，并不只是做出来让人觉得有意思的。如果是那样，很容易进入歧途——我曾见过有个动物园给老虎做了个空中通道，把老虎赶进通道，然后两边一堵，就让它在通道里面给人看。这种逼迫的状态可很不好。

对于红山来说，这些通道更大的意义在于转场。中国猫科馆有 9 个展舍，其中 1 个是给豹猫的，剩下 8

个，都由或空中或地面的转移通道连接，里面饲养了 5 只动物，3 只豹，2 只猞猁。

如果长期将一头动物，放在同一个展舍内，这个展舍就算环境再丰富，时间久了动物也会失去新鲜感，行为就会变得不那么丰富。所以，中国猫科馆的设计者，就设计了这些通道，让这些动物，能够隔一段时间，利用通道换一次笼舍，这样，就能增加动物生活环境的丰富程度。

最终，每一只动物都会住遍每一个笼舍。

让动物们串笼的过程很有意思，特别像华容道。但是，让它们移动的过程可没有华容道那么容易，说动就动。这就得靠饲养员日复一日的正强化行为训练，得让动物对廊道脱敏，得让它们愿意走过去。这样的转场，甚至已经成为了一种特别普通的过程，能够很轻易地在游客面前实现——很多游客都拍到了。

这样的过程，其实也是一种自然教育的过程。红山为中国猫科馆设置的自然教育，还不止这些。还有啥呢？

展区复制的猫盟 CFCA 在山西和顺的保护站

在中国猫科馆的门口，有一座画了豹子涂鸦的集装箱小屋。咦，这不就是猫盟 CFCA 在山西和顺的保护站吗？

猫盟是一个致力于研究、保护中国猫科动物的民间公益组织。他们在全中国各地的保护区中安装红外相机，做基础调查。有了这些数据，才有可能进行

昆虫旅社，动物园应当成为本地昆虫的栖息地

科学的保护。在山西和顺，他们管理着一个保护区，那个保护区中的顶级掠食者就是豹子。

原来，红山的中国猫科馆，在科普上和猫盟深度合作，在展区中复制了和顺保护站，集中展示了野外保护工作者的生活和工作，也以此为抓手，介绍了中国野生猫科动物的知识。这样的深度合作，似乎在中国动物园里还是第一次。

指向保护工作的科普展陈，加上展现生态环境的动物展舍，呈现出了这样一种效果：这座中国猫科馆，展现的不只是动物，而是动物所处的生态，和它们所需要的保护。我认为，自然教育如果不能导向保护，而仅仅是物种层次的科普，那就是低级的科普，就算玩出花来也不到位。

红山森林动物园的沈志军园长给我说过一段话：动物园不能只是迎合游客，迎合会让动物园越来越差；动物园应该引导游客，让游客了解更多，变得更好。

很显然，这个场馆也做到了。在中国猫科馆之后，狼展馆、熊展馆、虎展馆也相继开放。这里要多说说黑熊生活的展馆。

大家可以来想一想国内老一点的动物园是咋养熊的。大多都是一种很老很"经典"的坑式展示，这种展示方式源远流长，是新中国动物园刚起步时从苏联学来的。在华北动物园的那部分介绍中，我说过坑式展示有三大问题，这里我还要再重复一遍。这三大问题是：1. 环境单调，动物无聊；2. 视野太开阔，动物压力大；3. 俯视让人傲慢，挡不住投喂。

我们来看看红山的新式熊展区是如何解决这些问题的。

首先是"环境单调"的问题。这个新展区构建了非常复杂的爬架。大家日常去逛的时候，就能看到黑熊在爬架上爬上爬下地玩，看到这样的画面，大家可能会对这些黑胖子的灵巧的程度有一点新的认识。除了爬架，展区还借用了原有的山势和土地。山，是动物园的宝贝，能够加强展区环境的复杂程度。坡，在相同占地面积的情况下能提供更大的表面积和更多的可能。而土地呢，那就更是宝贝了。只要展区见土，环境就容易搞得很丰富，就是因为土里能够长植物，有植物就有很多可能。

比方说，树。大家如果运气特别好，能看到黑熊爬树。很多动物园是不允许熊爬树的，为啥呢，一方面怕树被玩死，另一方面怕熊借树跑出展区。其实吧，只要展区设计得够好，管理到位，这两个问题根本不是问题。而只要熊上树，游客就会看得很开心。熊爬树那不比乞食有意思一万倍？看熊爬树的游客也很有意思，我就听饲养员说，有游客看了后，长叹说："完了完了，野外碰到熊爬树也活不了了。"

再来看第二条"视野太开阔"的问题。这条是啥意思呢？大家可以想一下，如果把你放到一个四周都是玻璃窗的房子里，一直有人在周围看你，你压力

黑熊

大不大？动物其实也是一样的。熊这种不知道害羞的动物还好一点，如果是豹之类的动物那可就麻烦了。怎么解决这个问题呢？

红山的黑熊展区这么大，但只有五个展窗。五个展窗面对了五个单独的场景，每一个展窗，都无法把整个展区看透。这样一来，熊在哪儿，都能找到不会被游客四面环视的位置。但是，设计者在设置展窗的时候，又考虑到了游客看动物的需求，因此，例如爬架、水池之类会产生比较精彩行为的点位，都放在了展窗前面。这样一来，游客虽然得找动物，

但只要想找肯定能找到，而且看到自然行为的概率非常大。

同时，这也解决了俯视的问题。游客在这些展窗前，面对动物都是平视或者仰视的，这样在无形中就拔高了动物的地位。除了这些展窗位置，游客和动物

的距离都比较远，展窗又是全封闭的，也堵住了投喂。这样一来，三个问题就都解决了。

这样的熊展区，是不是和你印象中的动物园熊展区已经完全不一样了？

猛兽区的这几个展馆，水准全都是中国第一，亚洲前列。但就是这样的水平，管红山场馆设计的马可师傅却说，它们其实只是欧美先进动物园上一个时代造物的水平。接下来，红山的本土动物区会更先进，达到当下国际先进水准。

红山动物园的改造还在继续。当它的新展区陆续完工，大陆第一的头衔，就是它的了。

新旧虎展区的对比，旧展区拍摄于 2018 年底，新展区拍摄于 2021 年初

上海动物园

上海动物园和上海这座城市一样洋气。

上海动物园有两头大雄狮，名字都特别好听：一头叫辛巴，一头叫呆瓜。这一头大小眼的雄狮，应该是辛巴。

一座动物园，只要不满是槽点，有一个亮点就值得我们去参观。这个亮点，可以是做得特别精巧、漂亮的展区，别处看不到的物种，某类动物的系统展示。上海动物园的灵长区就是一个巨大的亮点。

灵长类动物当中，哪一类行为最复杂、最好看？要我说，那必然是人科动物。现生人科动物有四个属：

辛巴

似乎又怀孕啦？

人属、黑猩猩属、大猩猩属和猩猩属。上海动物园把这四个属全部集齐了。这其中最难得一见的是大猩猩属。

上海动物园的大猩猩是一家五口。群中的大家长叫丹戈（或云"丹哥"，园里的解说牌没有统一），这位银背雄性拥有两位妻子，名唤昆塔和阿斯特拉。这个家族是在 2007 年来到上海动物园的。来了之后没多久，怀孕的阿斯特拉在 2008 年生下了大儿子海贝，上海的宝贝。2012 年，阿斯特拉又生下了二儿子，园方在网上发起了征名，网友票选第一的名字是"空知英秋"，但最终小朋友叫了海弟，上海的小弟弟。这个家族实在是十分丰饶。

这个睡觉的个体应该是丹戈

大猩猩是群居动物，只有在群居时，它们的内心才能彼此抚慰，天性才能得到释放，我们也才能看到家庭成员之间的互动，从中破解人科动物社会演化的谜团。在上海动物园，你能观察到这六头大猩猩性格上的不同：会发现虽为兄弟，海贝比较胆小，海弟又顽皮又独立；会发现孩子们的妈妈和姨妈会如何疼爱它们，观察到没有孩子的姨妈在家中的角色；会发现族长丹戈护卫家庭的霸气。

在中国，现在只有济南动物园、郑州动物园、上海动物园和台北动物园拥有大猩猩。郑州动物园都只拥有一位雄性，对于大猩猩这样的群居动物，只养一位，福利无法满足，展示出来的行为既不丰富，也有些问题。上海动物园也曾仅有一头孤零零的雄性，名叫博罗曼。博罗曼和济南的威利、郑州的尼寇都属同一辈的老同志。他们一生生活在动物园，和饲养员为伍，把有限的生命和自由献给了自然教育。2017 年 11 月 27 日上午 9:40，博罗曼因抢救无效死亡，享年（大约）44 岁。我们会永远记住他。

在大猩猩馆的旁边，还有一个猩猩馆和一个黑猩猩馆。就这样，来自亚非的人类至亲聚首于上海动物园，对人科动物感兴趣的朋友，便可在同一个地方看到人科四属行为上的不同。这在中国是独一无二的体验。

但是，上海动物园三个大猿展区的室内部分都不太行，全都是老式动物园那

黑猩猩

种丰容不够、环境单调、狭小昏暗的状况，只有大猩猩的稍大一些，还好一点。上海的冬天还挺冷的，大猿们有很长时间无法外出，只能在这样的室内展区里待着。不得不说，这是一个缺陷。

古灵精怪的杰氏狨

三类大猿体现了灵长类的大，那么，一大群来自南美的小猴儿，便可展现灵长类的小巧与古灵精怪。上海动物园拥有棉冠狨、金头狮狨、杰氏狨、鞍背柽柳猴、赤掌柽柳猴等物种，是全中国拥有南美热带猴最多的动物园之一。这些小家伙和我们常见的猴外表很不一样，无论是外形还是行为都非常有趣。

生无可恋的狮尾猴妈妈

除了它们之外，上海动物园还饲养了来自亚洲的长臂猿、金丝猴、黑叶猴，来自非洲的山魈、狒狒、长尾猴。这样的阵容，那可真是又有罕见的物种，又系统地介绍了

乡土动物区

黄麂

灵长类。

可以说，即使是只有灵长类一个展区，上海动物园都非常

值得看了。

上海动物园刚刚开放了一个新的展区：乡土动物区。这是这座动物园的另一大看点。

近几年，很多人都在呼吁中国动物园应该更加重视本土物种。通过本土物种的展示，公众能了解到身边原来有这么多神奇的物种，而了解会通向关心和爱护。在本土动物的展示、教育方面，我们有台北动物园的台湾动物区珠玉在前。大陆第一个系统性介绍所在地本土动物的展区，便是上海动物园的乡土动物区。

上海动物园的乡土动物区，展示的自然是上海"土著"，它们或者现在就生活在上海，或者历史上在上海有分布。从展区面积上看，整个乡土动物区中最大的

獐

明星是獐。

獐，也叫牙獐，在英语里雅号"吸血鬼鹿"，看了上图你就知道为什么要叫这个名字了。乡土动物区的獐都还小，长大后，雄獐的上犬齿可长达 8 厘米，就像是只吃草的剑齿虎。

严格意义上讲，哺乳动物犬齿的功能不是吃肉，而是打架。獐的这两根獠牙会动，吃草的时候会往后倒，以免挡住进食；遇到敌人时会立起来，一方面吓唬对手，真打起来了也可以拿它戳。

在獐展区的对面，是黄麂的展区。麂子们的雄性也有獠牙，但相对獐的要短。身在这两个相邻的展区，特别适合对比

着看这两种小型鹿。如何区分獐和麂？獐有獠牙而无角，麂有獠牙也有一对小角。相比梅花鹿、马鹿、驼鹿等大中型鹿，獐和麂更接近于鹿类的祖先。有一种理论认为，鹿祖先争夺交配权时是靠獠牙打斗，就像獐那样；獠牙的戳刺有可能导致头部的致命伤，于是有的先祖鹿头上长出了嵴，用来架住獠牙，就像雌性的麂那样；后来，这些嵴越长越长，成为了原始的角，为了更方便架住獠牙，原始的角开始侧向分叉，就像雄性的麂那样；随着角越来越长、越来越复杂，獠牙的作用就越来越小，所以我们熟悉的梅花鹿、马鹿什么的，已经完全靠角打斗而没有獠牙了。

人类已知的麂有 12 种，中

国可能分布有 4 种：黄麂、黑麂、赤麂和贡山麂。相比同样不太罕见的黑麂和赤麂，黄麂明显要小一截，这大概是黄麂也叫小麂的原因。在上海，无论是黄麂还是獐，都是本土就有的物种。

相比黄麂，上海的獐命运要更坎坷一些。有记载显示，19 世纪七八十年代，上海的獐随处可见。但到了大约 20 世纪初的时候，獐在上海彻底消失了。直到 2007 年，上海的科学家和保护工作者们开始了"獐的重新引入项目"，他们从隔壁浙江引入了同亚种的獐，实现了人工繁育。随后，经过了野化训练的二代獐被放到了上海郊区的公园中。在没有人类喂食的情况下，这些獐顽强地活了下来，并且开始了繁殖。

上海的獐回来了。

有这样的身世，乡土动物区的獐们拥有这样一片巨大的展区就不足为怪了。獐展区是哑铃形的，环抱着豪猪的展区，豪猪的地盘又给了獐一定的遮蔽。最好玩的就是这里的草地。乡土动物区的各个外舍都不是水泥地，大多是草坪。豪猪们入住后，开始了它们最喜欢的事情：打洞。一个春节未见，它们的草坪已经不成样子了。各种动物的自然行为，就能在这种对自身环境的改变中一览无余。

獐

獐展区的草坪也很有意思，这是一块种有稀树和灌木、竹子的坡地。一群獐就在此或坐或卧，或跑或跳，分外顽皮。尤其是獐子撒开腿飞奔的样子，有一种野性的张力洋溢在绷紧的肌肉间。这些小家伙只要天天这么跑，大概不会发胖吧。

面对这样的青草，獐子们怎么可能不会吃吃吃。饲养员往笼舍中放了干草，但有青草在，干草的吸引力小了很多。除了草地，那些矮小的灌木甚至是竹子，都惨遭了獐子们的"毒口"。园方准备在开春的时候，再往里面加一些灌木，撒一些草籽。用上动裴园长的话说，这些植物要是被獐子吃了，那就是它们的，算食物；要还在，

獐

那就是我们的，算造景。反正就是一个：试。

獐展区如此大，其实也可以在里面用木头、树杈堆几个松散的堆，在堆里面撒上草籽，让木堆来保护小植物，这就成了本杰士堆。

在乡土动物区的大门口，还有一群人气超高的小捣蛋鬼，那就是水獭。我一直说，动物园里的动物不和人互动，展示自己的行为是最好的。但也有一些特例，比方说水獭。水獭这类动物好奇心太强，尤其是年轻的个体。往往只要展区旁边来了人，它们就会冲过来看人在干啥——这有时候和投喂有关，但有时候也没有关系，我在不少完全没有投喂的水獭展区也见过水獭看人在干什么。

小爪水獭

大头

这些水獭都是嘤嘤怪，叫个不停。它们住在三个笼舍当中，从右到左，三个笼舍的水位一个比一个高，展示出来的效果也不一样。最左侧的深水展区中，水獭要是下水游泳，你可以贴着玻璃看它们是如何在水下游的。

上动的这群水獭是亚洲小爪水獭。可惜的是，上海本地分布的应该是欧亚水獭，这就有一点不"乡土"。但亚洲小爪水獭也是中国物种，也没必要太苛求了。有些动物实在难以获取，用近似的物种就好，有说明就行。

这群小爪水獭有光辉的历史：它们中，出过一个头部有畸形的雌性个体，名叫"大头"。大头因祸得福，拥有了高于常獭的智商，成为了群里的女王，多次策划外逃。据说，曾经有人见过"大头"指挥别的獭搭獭梯，然后踩着往外跑。这位女王如今还是上动的英雄妈妈，正在后场生宝宝、带孩子，所以暂时不见客。

其实，小型动物只要展示得好，那可比大型动物好玩得多，因为活跃啊！在水獭和獐子之间，还生活着几种小型食肉类，它们是貉、花面狸和狗獾。但目前这三个展区的环境、丰容以及动物的状况还没有达到最好的状态，想看到它们的自然行为，得碰碰运气。

为啥呢？这三种动物的胆子比水獭要小多了，因为

貉

捕猎的普遍存在，它们在野外一般也都是避着人的。这三种动物在动物园里也喜欢躲着人。它们当中，最适合观察的是貉。不过想观察到活跃的貉，得卡一下时间：它们在游客多的时候会躲在树洞里，大约下午四五点人少的时候，就出来散步了。其他时候，得在树洞里面找。

貉是中国的一种本土犬科动物，特点是腿短"身子短"毛很长。在日本，貉叫"狸"，《平成狸合战》里的就是貉。貉长得像浣熊，英文名叫 Raccoon Dog，也就是浣熊狗，可以说非常贴切了。但其实这两个种很好分，貉是狗爪子，浣熊有类似人的手指。说来，我见过最逗的貉展区是莫斯科动物园的，他们竟然把貉同浣熊混养。

在上海这座大城市中，还生活着不少野生貉，上海动物园里就有——动物园里有野生的食肉类，是一件非常梦幻的事情。

东方白鹳

水边的鸟儿们

在乡土动物区的另一边，有一片水域。这是片湿地，水面分区，各区深度不一样，也有多个湖心小岛，岛上有芦苇地也有小树林。这样的湿地，比中国常见的水禽湖的环境丰富程度要高上不少。我很期待有鹭以外的野鸟来这里生活。

这样有层次的环境，看起来更美。不信你看：

目前，这个区域放养了一

丹顶鹤

批丹顶鹤、东方白鹳、鸳鸯等水鸟。最好玩的是丹顶鹤。

你见过丹顶鹤游泳吗？在这儿能见到。湿地里有两个小岛是丹顶鹤的。这些丹顶鹤的翅膀做过处理，因此不能飞。两个小岛中间有深水相隔，最深处有 1.5 米。园方本想，这道水能隔开两个丹顶鹤家庭。没想到，它们竟然会游泳串门。

丹顶鹤的泳姿特别逗。我们管这种长腿的水鸟叫涉禽，它们在湿地里一般是踩着植物、地面或是水底走路，真游起来，未必灵活。只见这只丹顶鹤把翅膀举高高，而不是像鹅啊鸭子它们那样收在身体旁边，这大概是因为不太防水？丹顶鹤游泳也是靠脚刨水，但看起来重心特别不稳，整个身体都在晃动。

荡秋千的马来熊

这么仙的鸟，游起来居然有点笨。

也只有上海动物园这样洋气的动物园，才会不讳言乡土吧！

上海动物园的洋气，还体现在对自然教育的重视上。他们的科普，不光存在于园中，也活跃在网络上。

在园区当中，志愿者们被组织了起来，驻扎在各个展区，阻拦投喂、介绍动物。我们不妨看看上动的马来熊展区。其实这个展区也是一个坑，游客可以从上到下地围观马来熊。这种场地就很容易诱发熊的乞食。但上动的马来熊行为比较自然，在展区中追跑打闹，疯狂玩耍。旁边戴着扩音器不断劝诫的志愿者应该是功不可没。

至于讲解部分，听得出来，这些志愿者都比较稚嫩，介绍大多是背的。但那些资料编撰得很好，志愿者们也很认真，这就十分可爱。

更有意思的是，志愿者们的小推车上放置了很多动物的标本，这些标本你可以看，更可以摸。于是，你能摸到猎豹、花豹、金丝猴、黑白疣猴等许多种动物的毛皮，这些毛皮都来自动物园内去世的动物。利用触觉感受这些动物，这是十分罕有的体验。

实物触摸带来的感受，远超观看。你知道猎豹脖颈上的鬃毛摸起来有多软吗？金丝猴、黑白疣猴这两种长毛猴哪一种毛更软？想知道的话，去上海动物园吧。

在网络上，上海动物园也没有放弃科普。他们的官网、微博、微信都是认真运营的，经常会提供很多不错的动物知识，很值得一看。并且科普的方式非常时髦。上海动物园的官方微信曾推送过一篇《我们由奇迹构成》，借这部当红日剧，科普了剧中的一些关键词。提供的内容由浅及深，各类人群都能满足。这样重视网络科普、玩得还这么溜的单位，别说在动物园里找了，在国内所有科学相关的系统里也不多。

这样的动物园，值得我们期待它的未来，并且一去再去。

科普小推车

杭州动物园

杭州动物园，也是华东地区颇值得一去的动物园。这个动物园开门很早，秋冬季在早上 7 点、春夏季在早上 7 点半就开门了。它位于西湖南侧的丘陵当中，内部道路起起伏伏，园林、绿化是出了名地好，很适合早上去锻炼。更妙的是，这里有一种特别喜欢早上唱歌的动物：长臂猿。

长臂猿和人类、各种猩猩是近亲，隶属于灵长类中的人猿分支。但相对于我们，长臂猿是更适合在树上生活的动物，它们臂展很长，能用这对手臂在树林之间穿梭。

这种动物的社会行为非常丰富，它们日常生活会以家庭为单位，占据一片密林繁衍生息。它们如何向同类表示某片区域归属自己呢？用歌声。中国动物园里较为常见的冠长臂猿属，是歌声最为婉转动听的长臂猿类群。它们的雄性调门悠长，雌性声音婉转，配合在一起就是完美的和声。

冠长臂猿属的斗歌一般发生在早上。相邻区域内的长臂猿此起彼伏，越斗越起劲。因此，在动物园里，如果能有若干个家庭，配上合适的环境，长臂猿的歌声绝不会让你失望。

杭州动物园的长臂猿，是冠长臂猿属中的白颊长臂猿。2017 年的一则新闻里提到，这里生活着 12 只长臂猿，分成 3 个家庭。它们居住的笼舍虽然不大，但很高，丰容也颇为上心。这儿的长臂猿，可能是中国动物园里最爱唱歌的一批之一。不过，想听到猿鸣，就一定得早早赶去听。我去的那天起晚了，9 点多才到，于是完全没听到。

杭州动物园是一个老牌动物园，老牌动物园都有很多历史包袱。譬如狭小的铁笼子、坑式的展示区，都是几十年前的遗产。如何对待这些包袱，体现了一个动物园的水准。有钱有能力的动物园，会把包袱彻底扔掉，推倒重做；缺钱有能力的动物园，会尽可能地用造价较低的方法改造，

我去的时候在下小雨，玻璃起雾特别严重，凑合看一下山魈（xiāo）的笼舍吧

豹

提升动物福利；最差的就是不改的了。

杭州动物园可能就是钱不够多，但是有能力有想法的动物

园。他们的灵长类笼舍都很小，但全都有很好的爬架，注重利用高层的空间。

这样的倾向，在豹房里更明显。杭州动物园一共养了四五只豹和美洲豹，全都住在只有一百平方米左右的小隔间里。这些隔间都非常小，但每一间当中，都种有植物，有爬架，有地方可供动物躲藏。更棒的是，笼舍的后立面上，建有小平台，可供豹们跳上高层。这就把笼舍的上层空间利用起来，增加了活动空间。

这样的操作，缓解了地方不够大带来的负面影响，不可谓不用心。但空间大小毕竟是硬伤，杭动有几只豹，还是明显不够活跃，缺乏运动的欲望。

黄麂的山坡

地方不够大这种硬伤，最终还是得靠场馆的整体翻新、扩建来彻底解决。杭州动物园也有一批面积较大的场馆，其中最精彩的是黄麂的展区。

和石块、坡地都保留了下来，人工加增的是方便饲养员工作的木制步道，和由两块木栅栏围成、地面较平的圈舍，黄麂可以自行选择要不要回到圈舍当中。于是我们便看到一群金毛犬那么大的小型鹿，放养在山间，它们来回巡视找吃的，雄性也会互相较量争夺异性或是和异性调情，足够大的地盘也保证了它们的争斗不会恶化成血案。

杭州动物园是一座建于丘陵山地当中的动物园。山地，永远是动物园的宝贝。

黄麂这种动物，在华东本来就有自然分布。这样用原生的山地环境，饲养原生动物的展示方式，实在是再好不过。在台湾地区，黄麂名叫山羌。台北动物园有个很优秀的台湾动物区，里面也养了黄麂。我觉得，杭州动物园的黄麂展区，比台北动物园的更好。

这里的黄麂展区建于一片斜坡上。山间的乔木、灌木

在这片优秀的展区上方，还饲养有毛冠鹿和黑麂，这两种

黄麂

小型鹿都是中国原产，在中国动物园中更为稀有。它们的笼舍比较狭小平庸，但能看到，也属于惊喜。尤其是黑麂，这可是原产于华东、华南的国家一级保护动物啊，没有几个动物园有。和更常见的赤麂、黄麂相比，黑麂的身体颜色更深，更好玩的是脑袋：它们的角上多毛，看起来像戴

了一顶毛发做的王冠。

杭州动物园的不少新展区，都借了山势，虽然不大，但修得很漂亮。比方说修建于山间乔木林中的小熊猫展区，和借高低落差修出了瀑布的小爪水獭展区。

当然，这座动物园也有不少槽点。让人看了最难过的，莫过于狼和豺的小笼子、海豹的脏水池、大海龟的迷你水缸，毫无水准却又是中国动物园标准水准的两爬馆。这些笼舍散布于动物园各处，提醒着大家这个动物园还不够好。

只希望这些不够好的地方，能慢慢变好。

黑麂

小爪水獭

苏州上方山动物园

华东地区还有数座从物种上看极有特色的动物园。这其中，最稀罕的是苏州上方山动物园。这里有斑鳖。

看，这就是斑鳖。这是全世界最珍稀的龟鳖，乃至全世界最稀少的动物，离灭绝就只剩一线。

转发这只比熊猫还稀少一千倍的斑鳖，科学家就会再找到很多斑鳖……抱歉，剧本拿错了。

在上方山森林动物世界的两栖馆附近，有一片巨大的池塘，池塘边有缓缓的坡地，四周被玻璃幕墙围了起来。这片场地一看就知道颇受重视。这里就是斑鳖展区，全世界已知斑鳖个体的一半，都生活在这里。

说是一半，其实也就两只。是的，全球已知的斑鳖个体只剩四只。两只在中国，目前都生活在苏州；两只在越南。越南的斑鳖中，有一只发现于 2018 年年初，发现的方法颇为曲折：科学家怀疑有个湖泊里有斑鳖，于是采集湖水，在水中找到了极微量的斑鳖 DNA，微弱又明确，于是确认了这第四个个体的存在。这仿佛是把一小勺味精倒入游泳池，然后用舌头尝出鲜味一般。

是的，寻找斑鳖就得这么卖命，这么曲折。就在几十年

斑鳖

斑鳖

前，斑鳖的数量应该没有那么少。这种动物的历史分布，或许是从上海向西向南延伸到越南，地盘极其广阔。就在1954年苏州动物园建园的时候，园内还有十几只巨大的"癞头鼋"，应该就是斑鳖，只不过，那时苏州动物园根本不知道"斑鳖"是什么。

人类尤其是中国人意识到斑鳖是个独立的物种，并且亟须保护，那是最近30年的事情。20世纪80年代，苏州科技学院（现苏州科技大学）的生物系建立，苏州动物园送上了一批标本作为礼物，支持生物系的建设。这其中就有几只"鼋"。鼋也是一种中国原产的大鳖，但和斑鳖毕竟不是一个东西。苏州科技学院的赵肯堂教授发现，这些个"鼋"其实是独立的物种斑鳖，并且数量相当稀少，于是开始为这个物种奔走正名。直到20世纪90年代，斑鳖才受到重视。到了21世纪，动物园间实质性的保护工作才彻底展开。

但这时已经晚了。当时人们只知道苏州剩下三只斑鳖，上海还剩一只，这就是国内已知所有的斑鳖了。没想到保护工作刚一展开，苏州死了两只，上海死了一只。这可真是让人毫无办法。

还好，机缘巧合的是，动物园人又凑巧在长沙动物园找到了一只雌性斑鳖，正好和苏州剩下的这只雄性斑鳖配对。于是，在几方拉扯、协调之下，2008 年，长沙的斑鳖姑娘远嫁苏州，被送到了苏州动物园。后来，苏州动物园搬迁到上方山，这两只斑鳖被再次迁徙到了现在的地方。

如今想看斑鳖，就得到苏州上方山森林动物世界来。找到斑鳖池之后，你得静静地等待，期待斑鳖给你面子，露头给你看一看。我运气很好，刚到斑鳖池不久，就看到了那头可能有一百来岁的传奇雄性。

你会见到一头近两米长像黑色巨石一般的大鳖，在池塘里慢慢地游泳。它在大多时候潜在水下，这时你很难发现它。但每隔几分钟，斑鳖就会露出水面换个气。只见它把猪一样的鼻子戳出水面，随后是方形的大口，在水中吐着泡泡。它会在水面吸上一大口气，然后再次沉入水中。

这头斑鳖的臀部有几块肉粉色的大斑。记录里说，它曾和其他同类打架，被咬掉过一部分裙边。不知道这些大斑，是不是就是当年战斗后留下的疤痕。

我的运气只够看到一只斑鳖，另一只雌性没有赏光，留下了遗憾。这两只最后的中国斑鳖，也给我们、给它们自己留下了遗憾：10 年了，这两个个体没有留下后代。母鳖曾经产下过不少卵，公鳖曾让少数几个卵受精过。但最终没有小鳖出生。不知它们还能尝试几年。

雄斑鳖身体后方的疑似伤痕

有消息说，越南愿意把他们的斑鳖送到中国来，尝试繁殖。希望这个计划能够走通，希望不要太迟。（2019 年 4 月 13 日，那只雌性斑鳖还是去世了，一切还是太晚了。）

但说实在的，苏州的斑鳖池子看不出来好。整座动物园更像是一座舒适而美观的公园，在动物展区的设计和动物饲养方面并不出众。我们想看斑鳖，但我们并不只想看斑鳖啊。

济南动物园

济南动物园也有颇值得一看的动物。

1995 年，建设部评过一次"中国十佳动物园"。这 10 个动物园中还有 8 个以当年的主体存在着，它们底蕴深厚，家里毕竟阔过，纵使这些年都落伍了，但也远比很多动物园好。济南动物园就位列其中。

济南动物园的头牌明星，毫无疑问是大猩猩威利。

大猩猩是群居动物，每个群的头儿是一位银背大猩猩。随着年岁的增长，雄性大猩猩的背毛会慢慢变成银白色，所以被称为"银背"。每一个银背，都是威武的壮士。

威利的场馆很小，尤其是内舍比较单调，这是老动物园的通病。这位银背一直很怕冷，如果你在温度不太高的时候去看他，他肯定会在猩猩馆的内舍。如果你运气好，会遇到威利蹲坐在玻璃幕墙的旁边，

威利

威利的银背

那时，你可以体会到和银背大猩猩对视的震撼。

威利的个头不高，标称 1.7 米。但他很壮，手臂异常粗壮，胸肌发达，背宽而厚。在他那巨大的头上，有一对不是那么大的眼睛。如果他对你产生了兴趣，会盯着你看。你会在他的眼中看到智慧。

济南动物园中的另一珍宝，是喜马拉雅塔尔羊

中国的动物园界曾经有过一小群大猩猩，但总的来说，这个现生人科动物中体形最大的类群，在中国远不如黑猩猩和红毛猩猩常见。到了今天，整个中国只有三个城市拥有大猩猩：郑州、上海和济南。这三个动物园都拥有一只闻名遐迩的银背大猩猩，他们都在自己的城市居住了至少 20 年，看着这个城市的小朋友慢慢长大，孤独地感受着自己慢慢变老。2017 年，上海动物园的博罗曼走了，享年（大约）44 岁。威利出生在 1976 年，相对野生大猩猩来说，他已拥有高寿。2020 年 12 月 19 日，威利因突发脑部出血去世，享年 44.5 岁。

塔尔羊原产于青藏高原，是国家一级保护动物。这种羊的雄性特别好看，脖子以下，有漂亮的长毛，加之是黄褐色的，看起来像穿了一身蓑衣。

济南动物园拥有全中国最大的圈养喜马拉雅塔尔羊群，这里的塔尔羊繁殖得很好，你能看到不少小羊。但在别的动物园里，就很难看到这个物种了。

塔尔羊

作为一个老牌的动物园，济南动物园在近 10 年经历过几轮改造，有不少笼舍体现出了新的思想，模仿了动物的原生环境。比方说，他们的塔尔羊拥有一座假山，可以上下跳跃玩耍；麋鹿展区的正中有一条低洼的泥沟，积聚了水，混成了烂泥，正好适合喜欢沼泽的麋鹿。这两个展区都很大，于是牺牲了一点边缘的土地，安排上了宽阔的树篱，这样就能挡住游客的投喂。

南昌动物园

南昌动物园当中，最值得一
看的是一群小鸟和一头大象。

靛冠噪鹛是一个极危（CR）
物种，在野外大概也就不
到 400 只，远比熊猫要珍
稀。此前，靛冠噪鹛被认
为是黄喉噪鹛的一个亚种，
但后来发现差别太大，独
立成了种。

若我们看一看靛冠噪鹛的
分布，会发现一个很神奇
的现象。我们已知靛冠噪
鹛曾分布在两个小区域，
一个在云南的思茅，一个
在江西的婺源。这种鸟没
有长距离迁徙的习性，为
什么会分布于两个距离遥
远的地方？为何会呈现如
此间断分布的特性？答案
可能很难找。一个原因，

靛冠噪鹛

靛冠噪鹛

是思茅的靛冠噪鹛已经成为了传说。息止安所。

于是，靛冠噪鹛就成为了江西的特有鸟类，南昌动物园是国
内唯一拥有这种鸟的动物园。他们的靛冠噪鹛都捕捉自婺源，

这种对极危物种的捕捉，其实有一些争议。但如果南昌动物园能够顺利繁殖，用人工种群反哺野外，那么就算是不辱使命了。

我向南昌动物园的朋友咨询过靛冠噪鹛的繁殖问题。他们现在有十多只靛冠噪鹛，近几年都有繁殖，人工繁殖出的个体也有生子。园内有四个科长自告奋勇盯着饲养，基本就是一对鸟一个人了。但是，幼鸟的存活率还是太低，还有繁殖难题需要攻关，无法实现野放。

南昌动物园曾经展示过靛冠噪鹛，据他们说效果很差，小鸟展示的难度比较大，游客一般也不太识货，所以后来干脆收到了内舍，专心做繁殖。不得不说，这是游客的损失，看不到一种

靛冠噪鹛

极危级别的江西特有鸟类，实在是可惜。同时，这也是南昌动物园的损失。如此物种，本该成为一块金字招牌啊！

其实，南昌动物园不妨在鸟舍中多布两个摄像头，尤其是要对准繁殖期的巢，然后在馆舍外面放上两台电视放直播视频，再辅以较强的引导，同时在网上直播，就能兼顾展示和繁殖了。这也对动物园的宣传大有好处。

而那头不看等于没有去南昌动物园的大象，叫"糯柘"。它真的是一头"剑齿"象啊！在中国，不会再有哪个动物园，能看到这样的长牙巨象了！

现生的亚洲象、非洲象，都有一些有大牙的个体。但无论哪个种，象牙达到一定的长度就会出现弯曲，弯曲的方向

通常是先向上然后再弯向两侧最终往内收，如果从头前方看，两根象牙会呈现"（ ）"的形状，在非洲赫赫有名的"象王"萨陶就是这个样子。

但糯总的大牙长得非常神奇，它的牙几乎是直的。如果说

糯柁和它的长牙

一般的象牙像阿拉伯弯刀，那糯柁的牙就像是弧度小得多的日本刀，直直地从嘴边延伸出来，长度可达地面。这样的形态，特别不像现生的大象。我的朋友 @ 菊石君 觉得，糯柁是"被古象灵魂附身的亚洲象"，有着互棱齿象的外貌。这是一种早已灭绝的远古大象，查了一下图片，这牙确实很像啊！

仔细看糯柁的象牙，尖端似乎有磨损的痕迹，看身形似乎也常常有抬头的动作。不知这对长牙是不是经常和地面摩擦，但如果糯柁生活在野外，这长牙估计会和山石有更多的磕碰，大概很难维持这个长度吧——等等，想什么呢，如果野外有头这样的大象，那肯定早就被偷猎者盯上了。上文里说的非

洲长牙巨象萨陶，就是死在了偷猎者的手下。

人类对象牙的猎取，也改变了大象。有研究认为，大象的象牙长度有缩减的趋势。这个趋势很好理解，长牙的个体更容易被猎杀，因此长牙的基因就更难流传。糯柘这样的长牙巨象，还是亚洲象，如今真的是越来越难见到了。

在这样一个时代，我们几乎已经忘记长牙象的雄壮模样，糯柘的存在就更加珍贵。

但糯柘的长牙基因大概很难再传下去了。它和妻子一直生育不旺，只育有一女。但可惜的是，糯柘的女儿娇娇，幼年时就被拿来做马戏训练，这对它的身体影响很大。2014年，娇娇突然消失了，实在让人心塞。

糯柘（摄于 2021 年 4 月）

青岛动物园

青岛动物园是一个古老的动物园，各种笼舍都流露出满满的年代感。换句话说，大多笼舍又老又小又破。

园中最值得看的场馆，大概是象龟馆。这座新建的象龟馆独立于两爬馆，设施相对先进得多。场馆内舍的地面是沙地，有紫外灯，阳光也能漏进来。室外的展区面积不小，也是适合象龟的沙地。

这里饲养的象龟，是亚达伯拉象龟，毛里求斯的国宝，全世界第二大的象龟。在中国，有不少玩家悄悄饲养着不合法的亚达，各家动物园里倒很少养。所以，这还算是一种在中国不常见的动物。在青岛动物园里能看到

亚达伯拉象龟及其展区

一座还不错的亚达展区，让人颇为意外而开心。

除了毛里求斯的国宝，青岛动物园里还有我们的国宝熊猫。这里的熊猫馆舍很新，爬架、玩具一应俱全，水平不低。

这一座象龟馆、一座熊猫馆，比青岛动物园其他的展区先

进大概 20 ~ 30 年。为啥
会这样呢？熊猫受重视自
不必说，那几只象龟，是
毛里求斯送来的国礼，象
龟馆开馆当天，毛里求斯
总理亲自前来观礼，这要
不好好养就成外交事故了。
很显然，这是被两种有政
治色彩的动物逼着前进啊。

这也说明这座动物园能够
建好场馆，养好动物，就
看上不上心、投不投入了。
当你走入它的灵长馆，会
看到五只黑猩猩住在颇显
空旷的笼舍中；迈入猛兽
展区，除了老虎，狮子、
猞猁、斑鬣狗、狼、棕熊
都关在狭小的钢筋水泥牢
笼里，无所事事，昏昏欲
睡，或者在游客的投喂下
起舞。

这可真让人难过呀。

黑猩猩

斑鬣狗

福州动物园

再说说福建省的动物园。在整个华东地区，福建省的动物园水准垫底。

全中国建在山间的动物园还有个几座，但像福州动物园这样，整个园全在山坡上，坡度还很陡的，大城市里应该没

白颊长臂猿

有第二个。倒是在国外，我见过一座地形特别类似的动物园，那就是新西兰的惠灵顿动物园。

福州动物园最好的几个场馆，全都位于灵长动物区。这几座场馆借了山势，用几个巨大的铁笼，把好几棵大树扣在了笼子当中。于是，长臂猿、黑叶猴便会在树枝间穿梭。和自然的大树相比，人类设计的各种玩具，那真的是比不上。

这儿的长臂猿有两个家庭，其中一个家庭里，有一个顽皮的小黑。白颊长臂猿会变色，刚出生的时候是浅棕色，稍微长大变成黑色，如果是雄性就一辈子黑到底，雌性会在性成熟后变成褐色。我不知道这个小黑是公是母，但我知道它很欠，没事儿就撩拨一下它爹，结果孩儿他爸经常在半空中追着孩子，教它做猿。

同在灵长区的川金丝猴展区也是这个思路，但出来的效果差太多。相比长臂猿，川金丝猴的破坏力简直高好几个数量级。笼舍里的几棵大树，全都被它们给干掉了。所以，现在只剩高高的软网笼，猴子能够利用的运动场只有低处的几个爬架。这可实在是可惜。

福州动物园的灵长动物区位于山顶，想要看到那些生活颇为自由的猴子，就得从山底一路往上爬。福州动物园的展区像一个哑铃形，山底有一大片，山顶有一大片，但在这之间就是狭长的通道，一路往上爬，中间的动物特别少。喜欢动物的青壮年还好，要是带来小孩、老人来逛，那可是要了命了。

这种糟糕的体验，就来自福州动物园糟糕的规划。如此山坡，利用好了是财富，没有利用好就是福州动物园。一方面毁了游客体验，一方面也影响了动物福利；但另一方面，也说明福州动物园有着巨大的潜力。

黄山野生动物园

安徽南部的黄山野生动物园是一个非常
特殊的存在。它还有一个名字：皖南野
生动物救护中心。

既然来到了一个救护中心，那就一定要
去一趟他们的救护后台看一看。于是，
我们联系了微博上的 @ 皖南救护中心
员工。这位大哥一碰到我们，就一脸
严肃地说："我们刚救助了一头大熊
猫啊！"

大熊猫分布在中国的四川、陕西两省，
绝无可能出现在安徽的荒野当中。大哥，
你这么逗我，我会信吗！

结果后台门一开，我就被铁笼一角的一
只动物给吸引了……呀，还真是"大熊
猫"！看，就是它：

这种动物名叫海南虎斑鳽（jiān），别
号"鸟中大熊猫"。为啥要有这个称号
呢？其实我也不太清楚，只能猜个大概，

海南虎斑鳽

最重要的原因应该就是少。全世界仅剩的海南虎斑鸦大概也就 1000 只左右，生存现状还不是很好，于是被列为濒危动物（EN）。

海南虎斑鸦是一种夜行性的鸟类，因此拥有标志性的大眼睛。大眼睛的周围，有荧光绿色的裸皮，眼后有一条白色线条，像耳朵一样。夜行性加上白"耳朵"，大概就是它们也被称作"白耳夜鹭"的原因。

皖南野生动物救护中心中的这一个个体，看起来特别瘦，脖子特别细，这就让那一对大眼睛显得更大了。看到我们几台相机围着拍，这个小家伙一动也不动，这其实是它应对敌害时的一种策略：我不动，又有保护色，敌人大概就

看不到我了吧！

海南虎斑鸦只是以救助为目的的临时饲养，放归后就没有了。但这个救护中心真是和大熊猫有缘，除了大熊猫和鸟中大熊猫，还饲养有水中大熊猫和安徽大熊猫，真的是大熊猫乐园了。

所谓"水中大熊猫"，是指扬子鳄。扬子鳄在古代雅称鼍，俗称猪婆龙，在分类上隶属于短吻鳄这一大类，其特点就是嘴巴像个铲子一样，又圆又扁又宽，和那些尖嘴巴的暹罗鳄或者湾鳄一比，真是显得又憨厚又老实。扬子鳄也是中国的国宝，极危（CR）级别的物种，在野外只剩大约 200 只，非常危险了。

皖南野生动物救护中心的扬子鳄展区相当有趣。我们在国内动物园内常见到的鳄鱼展区，就是一个水泥池子装上水，环境异常糟糕。但这里的扬子鳄展区，拥有泥质的湖底和泥质的缓坡，扬子鳄想下水就下水，不想下水就在岸边打洞。一旦有人打扰，可以躲到洞里去。这就基本上是模仿了原生环境。

这个展区做得相当棒，如果要说有什么缺陷，那就是水池还显得浅了一点，可以在池中央往下挖一挖，加一小块深水区。

扬子鳄

所谓"安徽大熊猫"，就是黑麂了，这也是一种国家一级保护动物。黑麂是小型鹿，但在麂子这个普遍娇小的类群当中，又算得上是个大个子。黑麂身上最好玩的部分，莫过于额头上和两根短短的鹿角长在一起的一堆橙色长毛。

皖南野生动物救护中心里有一只公黑麂的头毛彻底包住了角，毛很长，还都很顺地直着长，看起来颇为朋克。

黑麂的展区，是一片山坡上圈定的笼舍。坡上有高树，有灌木，有石块，这就是这种安徽大熊猫的原生环境。在这里，黑麂会灵活地奔跑，我真是羡慕它们这样在山地里也能自如运动的动物啊。

除了黑麂，皖南野生动物救护中心还饲养了不少黄麂。黄麂也叫小麂，个头确实比黑麂要小上不少，颜色也要黄不少。它们的笼舍也是一片围栏圈起的原生环境，过得比较自在。

黑麂

你要觉得，只能在笼子里面看到黄麂，那就大错特错了。皖南野生动物救护中心本身坐落在一片山地中，外面有一圈围栏，内部够大，环境也很丰富。于是他们把一群黄麂撒在了山地当中，半放养了起来。我看到这些半野生的黄麂时，它们正在灌木丛里觅食，听到了人的动静，几小只迅速四散逃开，一溜烟就消失了。

在原生环境里半放养原生动物的饲养、布展方式，我仅在乌鲁木齐天山野生动物园和这里见过，这样在荒原、山林之中找动物的感觉非常棒。

园中还有一种国宝，待遇那可就差多了。这种国宝是中华鬣羚。全中国的动物园中，只有皖南野生动物救护中心公开展示中华鬣羚，别处都看不到。

中华鬣羚是一种中小型羚羊，个头比一头山羊稍大。它们有着羊角、驴耳朵、马鬃毛、牛蹄子，因此也被称为"四不像"。中华鬣羚的基色是灰黑色，腿上显红色，脖颈上有飘逸的白色鬃毛，看起来特别仙气。皖南野生动物救护中心里曾有一头二十岁的老鬣羚，但不幸仙逝，现在这个是一头从小被救护到大没法放归的两岁小公羚，它特别喜人，在狭小的水泥笼舍中，显得异常活泼。

对，就算是在这么狭小、单调的笼舍里，还是好看

得惊人。不过，想让鬣羚
的行为好看，还是要激发
出它们适应峭壁的能力。

总而言之，作为皖南野生
动物救护中心，这是一个
国家级的救护中心，园内
众多的本土国宝与这个身
份相称。但作为黄山野生
动物园，这又只是一个县
城的动物园，即使饲养了
好几头熊猫，也没有办法
和大城市的野生动物园
抗衡。

我喜欢这座救护中心，但
对这座野生动物园实在是
无感。如果你想看老虎、
狮子、长颈鹿，别来这里。
如果你对中国的野生动物
感兴趣，那就必须来一
趟了。

黄麂

中华鬣羚

雅戈尔动物园

华东的野生动物园中，同质化较为轻微的，是宁波雅戈
尔野生动物园、合肥野生动物园和青岛森林野生动物
世界。

2017 年大年初二，宁波雅戈尔动物园突生风波。一名不
愿意买票却想入园参观的游客翻越几重围墙，未曾想到却
进入了老虎的地盘，就此殒命。说到宁波雅戈尔动物园，
就不得不说那次老虎咬死逃票者的事件。死者为大，我就
不评论这位游客的行为。但对于动物园和那只后来被击毙
的老虎来说，这完全就是无妄之灾。

近两年过去了，雅戈尔动物园已经恢复了平静。北门附近
的猛兽区中，老虎、狮子依旧徜徉在小河边的林地中。
旁边颇为密集的保安亭内，几位保安师傅百无聊赖地防
备着作死的人。看着老虎懒洋洋地漫游，看着它们轻轻地
从草丛中钻过，伸出舌头慢慢喝水，只觉得这个画面十分
安逸。

让我们暂且把目光投向南门，这是雅戈尔动物园的鸟区。
我觉得这是整座动物园看着最舒服的一块大区。雅戈尔的
鸟，有不少巧妙地混养。这儿的噪犀鸟是跟雉鸡混养的，
一个较大的鸟笼罩着一排小树，树栖的犀鸟守着树冠，树

虎

噪犀鸟

灰翅喇叭鸟

下则是雉鸡生活的区域，两种动物互不干扰。而在它们之间，是一群混进来偷食物的麻雀，畏畏缩缩地在树枝之间跳来跳去。

鸟区中还有一小群灰翅喇叭鸟，它们身体为黑色，背部为灰色，胸前有五彩金属色毛，长得眉清目秀，眼睛很大。喇叭鸟是广义上的鹤，只分布在南美，叫这个名字是因为叫起来像喇叭。这种大小如鸡的鸟行为也挺像鸡，性格还挺凶，会隔着笼网凶人。雅戈尔动物园给灰翅喇叭鸟提供的笼舍里有一小片树丛，它们能在其间穿来穿去。

近些年，应该是有国内的动物贸易公司解决了灰翅喇叭鸟的繁殖，在国内的动物园中，这种鸟越来越多见了。

除了这些野生鸟类之外，雅戈尔动物园还饲养了很多品种鸽，有的脚上有长毛，有的脖子上有翻领，有的鼻子上有瘤子……看完这些鸽子，你肯定会感叹人类实在是太能造了。

除了鸟区，雅戈尔动物园还有一大特色是在湖心小岛上放养的猴群和长臂猿。之前在深圳动物园等南方的几篇文章里，我说过好几次长臂猿岛是种在亚热带热带很高效、好看的灵长类展示方式。在雅戈尔动物园，大家就能看到这种方法在温带的效果了：夏天没事儿，冬天很多怕冷的猴儿就得收回内舍。这个动物园猴的室内展区位于北门东侧，大部分笼舍老得很，没法看。

但黑掌蜘蛛猴的笼舍是个意外。它们的外舍意外得又高又大，从笼舍顶端垂下来的绳索和爬架成为了这种灵活的树栖猴类玩耍的地方。我去的时候下着小雨，天很冷，但两个完全不怕冷的个体（大

黑掌蜘蛛猴

概是小家伙）在外舍跳来跳去，玩得不亦乐乎，看得人也开心。

蜘蛛猴是种有"五肢"的动物。它们的尾巴末端腹面无毛，和手指、脚趾一样有"指纹"，强壮有力又灵活，能够当手来用。这也是一类来自南美的猴子，在国内动物园不常见，几乎全黑的黑蜘蛛猴多一些，雅戈尔动物园饲养的这种棕黄色为主的黑掌蜘蛛猴就不太常见了。

蜘蛛猴的隔壁，是新修的象舍。这个象舍的外场都是泥地，摆脱了水泥地面的困扰，有丰容，有水池，这儿的亚洲象个体数还不算少，成了一小群。这种饲养、展示水平，在国内还算不错。

亚洲象

与之类似的是犀牛展区。那些大个子滚在泥地里，看起来也挺怡然自得。

宁波雅戈尔动物园就是如此。看起来，这是一座放大版的城市动物园，大部分动物拥有的环境都不算差，看一圈下来也没有太多坏心情的地方。但转完一圈，总得拼命想一想，才找回记忆——这里能给人深刻印象的物种或是展区还是不够多，也不够突出。

无论如何，老虎吃人的窘境终究是过去了。

白犀牛

猞猁

合肥野生动物园

合肥野生动物园，就是个
有历史包袱也有新气象的
动物园。只不过，他们的
包袱实在有点破，新气象
又颇为宏大，这落差实在
是太过刺激。

合肥野生动物园建在起伏
的小山之间，占地百公顷，
对动物也不太吝啬，建有
好几个大型展区。他们的
猛兽区，是我至今在国内
看到的最有意思、最奇特
的猛兽区，大概没有之一。

大，就没什么可说了。无
论狮虎，都是动物园里待
遇不错的动物，好多动物
园都有大型狮虎展区。合
肥野生动物园的这个有趣
在于环境，最有意思的一
个虎区背靠山坡，前有池

虎

塘，侧边是一片小树林，中国老虎的原生环境不过如此了，
更何况这样的环境还很好看。

最有意思的是这个池塘。这可不是敷衍的水泥小水池，它
是个活的大池塘。池塘中央有一个栽种了树木的小岛，岛
上有一群鸭子。拉近一看，嚯，这是斑嘴鸭啊，很可能是

吃饱了不想动，也不是南京虎，懒得潜入池塘抓鸭子玩，毕竟这么大的猛兽抓那么小的水生飞鸟效率实在太低了。而这些斑嘴鸭也比较识相，虽然嘎嘎嘎地玩得挺欢，但都尽量躲在池塘远离老虎的那一端，隔着小岛不打扰老虎。

天热的时候，应该可以看到老虎在这池塘里游泳吧！

这片巨大的放养区里也不只有狮虎狼这样的猛兽，还隔出来了几个食草动物区。其中有一个混养了非洲的伊兰羚羊和亚洲的梅花鹿的区域，地面和其他几个展区完全不一样。其他几块儿地全是草地，就这里地面上全是碎石，没什么草，不知有何用意，伊兰羚羊和梅花鹿的生活环境也不全是这样的地形啊……

野的，怕不是被这环境吸引过来的。

其实，老虎很爱水，游泳、潜水的能力还不错。不过这个展区里的老虎大概是

虎区池塘中的野生斑嘴鸭

麋鹿

在这块石滩旁边，则是整个放养区中最吊诡的一个展区。合肥野生动物园"上限高得奇怪"，怪就怪在这儿。这是一个混养展区。什么混什么呢？黑熊混养麋鹿。

是的，你没有看错，黑熊混养麋鹿，大型食肉动物混养大型食草动物。

在合肥野生动物园里，公鹿基本都要锯角的。角是鹿的武器，在不够大的人工环境里，有角、荷尔蒙分泌又旺盛的公鹿会欺负其他动物，有时候还会打得很厉害。所以，尽管锯角影响动物福利，还特别影响展示效果，往往也是一种没办法的办法。

但在这个展区里，公麋鹿的角还在……那一头恣肆舒展的大角仿佛在向黑熊挑衅：你过来试试？

黑熊看起来倒是挺老实的。展区里的麋鹿大概有五六头，其中大概有两头是公的。黑熊只有两头。它们大概之前也干过架，如今隔着一个水池平分了整个展区。只要没人逗的时候，黑熊就隔着水池盯着麋鹿，大概在用那一对小眼睛瞅着鹿，意思是：我瞅你了，有种你打我？

黑熊

这种看起来还挺和谐的对峙，其实还是有风险。在野外，黑熊毕竟不是棕熊，没有那么彪悍，不太会攻击成年大型鹿。这个展区也挺大的，别说退一步，退十步也有空间。但万一哪天几位爷气不顺剑拔弩张都不退后了呢？还是有隐患啊。

说到投喂，合肥野生动物园的这个放养区肯定深受

小熊猫幼崽

其害。这里参观方式和西宁野生动物园的类似，都有一个长桥跨越整个展区。但人家西宁的长桥很多区域被铁丝网或是玻璃幕墙全包了起来，离地面还很高，合肥的长桥毫无防备投喂的设计。就不说投喂了，桥下满地的垃圾，看着人都心烦。

不光是放养区，整座合肥野生动物园的笼舍，都没有防投喂的设计。就拿小熊猫馆来说，这也是一个非常优秀的展区，无论是大小、丰容、原生的植被都很好，小熊猫挂得满树都是，身体状态也不错，还有繁殖。但是，展区周围的围墙就一米来高，游客想怎么投喂，就可以怎么投喂。一有人喂，一群小熊猫就冲了过来盯着人看。

这有啥意思呢？是小熊猫爬树不够萌，还是在树上挂着不够萌，还是舔毛不够萌，还是奶孩子不够萌，还是摔个屁股蹲不够萌，还是打架不够萌？和投喂后乞食的单调相比，小熊猫自己玩起来好玩多了。

合肥野生动物园还有不少设计得非常精彩的展区。

如果只看这些展馆，合肥野生动物园倒真是一个细节诡异、整体喜人的动物园。但有些老的展区啊……得是 20 ~ 30 年前的水平吧。

黑猩猩皖星

合肥野生动物园的黑猩猩皖星，是我亲眼见过最肥的母黑
猩猩之一。她的肚腩已经大到不像黑猩猩，运动时的动作
也显得很笨拙。皖星所住的猩猩馆，还好换过一次木质的
爬架，要不然还要显得老旧。但就是这个已经改进过的展
区，也只有这么一个木爬架，其他什么东西都没有，实在
是太单调了。

更糟心的是，以小兽馆为代表的一系列水泥铁笼子，这些
老笼舍放到上个世纪末都嫌差。

湿透的猛禽

我见过几个省会级动物园，有比这还差的笼舍。但那几个动
物园都是整体上的差，完全没有前文描述过的那么好的场馆。
这就让合肥野生动物园呈现出两极分化特别严重的状况。在
这里，你会看到很漂亮的自然行为，在湖光山色中看到丛林
里悠悠走出的猛兽。在这里，你也会看到动物蹲监狱。

上限不断提高，下限岿然不动，这算是好事呢，还是坏事呢？

黑熊

青岛森林野生动物世界

青岛森林野生动物世界,位于黄岛开发区,离市区十分遥远。坐公交过去得花上一两个小时才能入内,打车那可就贵了。它有一个特别漂亮的河马温室展区。这个展区配套的外舍就不说了,正常水准。好的是内舍。这个内舍一改中国动物园河马内舍单调、狭小、丑陋的设计,建了一个温室,内有三小一大四个水池,养了一小群河马和一小群鳄鱼。馆内气味也管理得很好,不臭。

河马

河马的内舍

河马池

大鼠狐猴

在冬天，这样的温室至少不会憋屈，也不会太脏，河马也有一定的运动空间。而人的观感，是极大地提升了。这个温室里的植物要是再配套一点，用上非洲植物，暹罗鳄换成尼罗鳄，门口锁着的鹦鹉变成放养的，真正设计成一个温室封闭展馆，就像新加坡动物园的热带雨林区那个样子，就特别厉害了。

青岛森林野生动物世界的几个新场馆，似乎都很重视内舍的建设，这在中国特别难能可贵。据说，他们的亚洲象内馆设计得也很好，地面铺上了沙，有各种丰容物件，是国内少有的好象馆。我去的时候，地图上写着这个地方在修，门口也在施工，我就没进去。没看到也真是可惜啊。

青岛森林野生动物世界的科趣馆，其实是一个两爬加小型夜行动物馆。馆中有几种小型的猴子，颇为少见。最罕见的是大鼠狐猴。这种小狐猴成体的体重只有 400 多克，是最小的灵长类之一。但它们的手臂非常强壮，因为交配时得用。上海动物园曾经展示过这种动物，似乎现在也撤展了。青野可能是国内唯一在展大鼠狐猴的动物园了。

杭州野生动物世界

接下来要说的杭州野生动物世界、上海野生动物园、济南野生动物世界，这三座动物园就特别类似了。它们的动物基本一样，参观方式基本一样，也都有一些表演的噱头，更让人不爽的是，这些动物展得也不算好，其实展区好也能成为特色。这样的野生动物园，你会有种去了一家等于去了好多家的感觉。

杭州野生动物世界（简称"杭野"）最有意思的，是掠食险境展区，其实也就是猛兽区。

杭州野生动物世界的猛兽区有许多优点，首先就是猛兽种类多。这里的猫科动物种类丰富，有虎、狮、

猎豹

北极狼

豹、美洲豹、美洲狮、猎豹、薮猫、狞猫；和猫关系近的还有斑鬣狗和缟鬣狗。这里的犬科动物也不少，其中最不俗气的是北极狼。为了适应北极的白雪，生活在北极圈里的数个灰狼亚种演化成了白色。这里的北极狼不知是哪个亚种，并没有标明。我只看出来它们是话痨，叫个不停。

作为地主家养的猛兽，杭野的这些掠食者地盘都不小，每一个场馆都至少有几百平方米。并且，这么大的场地，并不只是给了大型掠食者，像赤狐、黑背胡狼、耳廓狐这样的小家伙，家也很大。当然，若论地盘大小，也不是没有

槽点。这里有的掠食者密度实在太大，抵消了大面积的优势。比方说猎豹，数量是真多啊。

如果细抠掠食险境展区每一个场馆的设计和丰容，它们虽然够不上顶级，但都很不错。不管哪一个，拆到北部、西部那些不是

耳廓狐

很优秀的动物园里，都能让整个园增色不少。更难能可贵的是，这个区没有死角，每一个笼舍都不错，都没有明显的大硬伤。各种大型爬架、遮蔽物、丰容玩具林林总总，配合上水池和坡地，一个个场馆看起来都很漂亮。

真的是地主家的猛兽区啊！

杭州野生动物世界的另一个亮点，是它的车行区。每天，这里有定时的数班小火车，带领游客进入车行区，围观里面的野兽。车行区中大半动物在步行区也可以看到，但车行区里

猞猁

的笼舍都更加广大，环境的多样性也更高。举个例子，车行区里的棕熊拥有特大游泳池，面积应该达到了步行区内的马来熊整个展区的一半。

这个展区里还有宝贝。杭州野生动物世界里有好几只豺。豺这种动物，我之前的好几篇文章都说过：曾经遍布于中国，如今极度罕见，有豺的动物园，也只剩十家左右。杭野的豺展区，是中国最好的豺展区之一，地方不是一般地大，有可供爬高的石头，有可以挖掘的泥坡，有能够藏身的管子。更可贵的是，因为藏在车行区里，游客的干扰比较小。希望这里能繁殖出豺吧。

棕熊

豺

上海野生动物园

上海野生动物园其实并不差，也有不少亮点。全园最好看的便是亚洲象、非洲象两个大象群。中国动物园中的大象，绝大多数都是亚洲象，一个动物园养个两三头都算不少的了。上海野生动物园的亚洲象、非洲象都有十多头，这可是极罕见的大象群。

在远古时期，象的家族非常繁盛。到了现代，才灭绝到仅剩2属3种的境地。

如果从分类学上看，亚洲象属和非洲象属还不是最近的亲戚，和亚洲象关系最近的是已经灭绝的猛犸象，然后才是现存的非洲象。所以，仔细来看，亚洲象和非洲象有很多差异，乃至于放在一起一目了然，很容易区分。上海野生动物园两种象的展区相对，左看一看，右看一眼，配合现场的科普，就能找到大部分外观上的不同。

但无论是哪个属，象都是群居动物。上海野生动物园的两个大象群，就能满足象的社交需求，这可是提升大象福利的要点。再加上展区很大，丰容不少，在这里观察大象的行为非常有趣。比方说，非洲象的展区中有一根木头，象们可喜欢它了，轮流着跑来用身体撞、用象牙顶，从上面刨下来的木头碎块，都被捡起来吃掉了。非洲象玩大树，这可是纪录片里的情节啊。

亚洲象

非洲象

非洲象展区

上海野生动物园的非洲象，全都是没有成年的亚成体。它们都是 2016 年从津巴布韦进口来的。这些小象，可造成过很大的风波。

津巴布韦是个穷国，但拥有丰富的野生动物资源，并且长期宣称它们的非洲象过剩了，于是经常向国外合法输出。2016 年，包括上海野生动物园、杭州野生动物世界在内的一批动物园，组团从津巴布韦进口了 35 头非洲象，而且都是幼象。这次贸易是合法的，并且站在津巴布韦官方和动物园的角度也有合理之处，一方希望赚钱养家，一方希望充实收藏，都很正当，但还是在国际、国内造成了轩然大波，甚至有外媒不无恶意地宣称，津巴布韦这是卖动物还中国的债。

为什么这次进口遭到了这么多的反对？问题出在幼象身上。尽管有人一再强调流程的合法乃至"合理"，但一次收集 35 头幼象出口的事情，实在让人细思恐极。大象是群居动物，亲辈会想方设法保护自己的孩子。是什么，让强大的象群放弃了幼象，又有多少个象群受到了威胁，才集齐的 35 个个体，这都让人十分不安，让人无法不遐想联篇。津巴布韦的政坛并不清净也不透明，官僚系统腐败严重，这样的决定如何得到批准，赚到的钱是否用于保护事业或是国计民生也难以追溯。

非洲幼象来到中国已然成为事实，无法更改。我们只能希望它们能在中国过得好一些。当大家看到这群非洲象的时候，也请不要忘记它们的来源。

济南野生动物世界

济南野生动物世界中，我最喜欢的一个展区是花豹小径区中的幼年美洲豹展区。这个展区原本是用来饲养猎豹的，但自从他们的美洲豹生下了一花两黑三个幼崽之后，就属于了这几个小家伙。这个展区非常大，足有一千平以上。内部有假山，有小湖，有植被，有遮蔽。三只小豹子在里面玩得特别开心，尤其是那个小湖，深受喜欢游泳的美洲豹喜爱。

这三只小美洲豹的妈妈是一头黑豹。黑化，在许多猫科动物尤其是热带的猫科动物中比较常见，因为在浓密的雨林或是高草地中，黑化的暗色没有太大劣势甚至有一些优势，于是远比白化的基因容易保存，甚至有的黑化还能带来更

小美洲豹

冠鹤展区

抗病的附加作用。美洲豹和花豹都能黑化，但黑美洲豹还是要更多一些。尽管变成了黑色，黑化美洲豹身上的梅花斑还是存在，在合适的光照角度下，很容易看见。

猫科动物的黑化可能不是由一个基因决定的，所以，黑豹妈妈生出正常颜色的小豹子非常正常，不是没墨了。

济南野生动物世界有不少这样让人看了高兴的展区。这里的鹤们，几乎都生活在水流包围的小岛上，这可是模仿了它们在自然界中会选择的沼泽环境，又通过岛的结构隔开了游人。车行区的岩羊、欧洲盘羊混养展区，用人工材料扭出来了一棵高树，喜欢爬高高的羊们，总有一天会在树上结一串吧。

但这样的高兴，总是持续不了太久。济南野生动物世界是一个售卖投喂食材特别多的动物园，园方虽然没有允许游客投喂所有动物，也没有神雕山那个奇葩动物园那样过分，但随处可见的投喂还是影响了很多动物的行为。

熊就是个例子，它们的展区也位于花豹小径中，是这个展区中唯一允许投喂的一类动物。果不其然，熊们一看到人靠近，就直立起来乞食，甚至也出现了转圈"表演"的畸形行为。真是白瞎这么好的爬架了。

我反对投喂有两个原因：一是乱喂吃的容易把动物喂坏，二是投喂会改变动物的行为，以自然行为为基础的自然教育就根本搞不了了。园方提供收费投喂，可以保护动物不被喂

黑熊

"马"戏

坏，但动物的行为绝对会坏掉。就例如熊，有投喂就完蛋。

现阶段，中国游客投喂的欲望难以抑制，我其实并不完全反对通过可控的投喂压制不可控的投喂。但是，如果什么物种都这么搞，那是不合适的。

另外，这三座动物园都出现了"表演"。但很明显，这些表演发生了换代，正在从古老的野生动物马戏模式，慢慢向人表演的杂技转变。最典型的一个"换代"，发生在杭州野生动物世界里。我看了园中森林剧场的全场表演，看完感觉……还挺好看的！

整场表演的都是人，野生动物仅限于亮个相：鸟出来飞一飞，猛兽装笼子里推出来当个道具。最深入表演的就是老虎了，大变活人，最后变成了老虎，老虎一脸懵："我是谁？我在哪？我在做什么？"

这算不上十分过分。

关键是表演好看，不是骗傻子那种让狗熊踩个球，鹦鹉骑个车，猴子骑个羊。演杂技的小哥哥、小姐姐演得都很好，下面的惊叫一阵一阵的。

精彩的杂技

落后的驯象，也没吸引多少人

这样的表演，足够好看，也足够有噱头，能够满足不少想看"马戏"的游客。其实，游客真的要看马戏吗？并不，游客要的是好玩。拿这样的表演来吸引游客，提高票价，并不是一件不可接受的事情。

但杭野也有非常糟糕的表演。他们的大象"行为展示"，就是非常老套的马戏表演：让大象后脚蹲下、站立，用鼻子扣个篮，拿脚踢个球，这算哪门子行为展示？相比之下，这样的表演实在是低级。这就是换代没有换完。

相较之下，济南野生动物世界的动物表演更多，上海野生动物园的表演更偏向于不太纯粹的动物行为展示。

05

WORDS IN THE END

写在最后

Nature is our teacher forever

自然是我们永远的老师

在本书截稿的时候，我在微博上看到了一个视频。那是广州动物园做的一个黑猩猩食物丰容：他们用麻绳把圆筒形的取食器绑在了两根爬架之间，离地的距离不小，而食物藏在圆筒里面。黑猩猩发现取食器里有食物，于是使出了浑身解数，猛烈地晃动麻绳，想要把取食器给摇下来。

这不是在折腾黑猩猩，而是在给它找事儿做。在野外，黑猩猩也需要如此卖力才能找到食物，才能活下去。野生动物保护组织"猫盟"评价说："见证野生动物如此努力地生活，不禁想为它加油鼓掌，同时它的坚持不懈也鼓舞着我们，这才是动物园应该传递给公众的。"

没错，这才是动物园应该传递公众的。动物园应该让我们看到动物身上的尊严，看到演化赋予它们的"超能力"，看到它们的高贵与智慧。同时，我们也应当努力去看懂这一切。

这也会让我们变成更好的人。

我们应当尊重动物，无论是饲养动物的动物园，还是作为游客的我们。因为它们会教给我们太多的东西。

我坚信，我们的动物园会变得越来越好，游客也会变得越来越好，这样才配得上我们的动物们。这些动物，是会在山间高歌的长臂猿，在丛林间奔跑的黄麂，也是在草原上咆哮的狮群，横冲直撞的各种犀牛。

更好的明天肯定会到来。

附录

国际自然保护联盟濒危物种分级

国际自然保护联盟濒危物种红色名录（或称 IUCN 红色名录，简称"红皮书"），是全世界动植物保护现状最全面、最权威的名录。它把物种分为绝灭（EX，Extinct）、野外绝灭（EW，Extinct in the Wild）、极危（CR，Critically Endangered）、濒危（EN，Endangered）、易危（VU，Vulnerable）、近危（NT，Near Threatened）、无危（LC，Least Concern）、数据缺乏（DD，Data Deficient）、未评估（NE，Not Evaluated）9 个等级。分级的依据，不是按物种的绝对数量，而是按增减的趋势和受威胁的程度，级别越高，灭绝的可能性越大。它没有法律效力，而是一种科学上的判断和参考。